城市生态补偿机制及城市河流生态治理模式研究
——以青岛为例

于升峰 肖 强 王春莉 张卓群 等著

中国海洋大学出版社
·青岛·

图书在版编目(CIP)数据

城市生态补偿机制及城市河流生态治理模式研究：以青岛为例 / 于升峰等著. —青岛：中国海洋大学出版社，2015.7
　ISBN 978-7-5670-0946-2

　Ⅰ.①城… Ⅱ.①于… Ⅲ.①生态城市—补偿机制—研究—青岛市 ②城市—河流—生态环境—环境治理—研究—青岛市　Ⅳ.①X321.252.3 ②X522.06

　中国版本图书馆CIP数据核字(2015)第190024号

出版发行	中国海洋大学出版社			
社　　址	青岛市香港东路23号		邮政编码	266071
出 版 人	杨立敏			
网　　址	http://www.ouc-press.com			
电子信箱	dengzhike@sohu.com			
订购电话	0532-82032573（传真）			
责任编辑	邓志科		电　　话	0532-85902495
印　　制	青岛圣合印刷有限公司			
版　　次	2015年10月第1版			
印　　次	2015年10月第1次印刷			
成品尺寸	185 mm × 260 mm			
印　　张	9.75			
字　　数	180千			
定　　价	28.00元			

Preface 前言

伴随着全球化进程的加快和可持续发展领域全球合作的深入开展,面对日益严峻的全球环境挑战,生态补偿作为生态环境保护和利用的有效的环境经济手段,得到了包括中国在内的世界各国的更广泛应用。在贯彻落实科学发展观,构建和谐社会,积极应对全球化挑战的大背景下,生态补偿的实施具有重要的现实意义和深远的历史意义。

2005年,党的十六届五中全会《关于制定国民经济和社会发展第十一个五年规划的建议》首次提出,按照谁开发谁保护、谁受益谁补偿的原则,加快建立生态补偿机制。之后,我国每年都将生态补偿机制建设列为年度工作要点。党的十八大把生态文明建设放在突出地位,纳入中国特色社会主义事业"五位一体"总体布局,明确提出了全面建设社会主义生态文明的目标任务,要求加快建立生态补偿机制和推进生态补偿立法。

青岛市提出了"率先科学发展,实现蓝色跨越,为加快建设宜居幸福的现代化国际城市而努力奋斗"的宏伟目标。全新的发展境界,以更高标准、更宽视野寻求更科学、更长远的发展路子,以让人民更加幸福为目标的青岛发展思路和实践,高度契合了中央的决策要求。

面对即将开局的国民经济和社会发展的第十三个五年计划,青岛市的经济社会发展、生态环境保护与建设仍然面临严峻的挑战,主要表现为各种大气污染物、废水、固体废弃物排放量仍然较大,空气质量仍有待于进一步改善,李村河等部分河流水质仍然较差,胶州湾东北部、西北部海域水质仍然较差,12%的土壤调查点位存在以无机型污染为主的土壤污染,土地、生态系统退化的形势未从根本上得到扭转,生物多样性保护仍有待加强等。因此,迫切需要推进青岛市生态补偿工作,全面打造生态文明青岛,为建设宜居幸福的现代化国际城市保驾护航。

青岛大沽河综合治理就是一项重大的生态文明建设工程。从2012年2月起实施的大沽河全流域综合生态治理工程历时2年耗资百亿,基本建成城市防洪绿色安全屏障、旅游休闲自然生态景观长廊、现代生态农业聚集带和滨河特色城镇与新农村建设示范区。大沽河的后续管理维护和生态保护更是一项艰巨的任务,是对城市生态工程建设的考验,能否借鉴国外先进的管理理念,实施可持续发展的管理运营模式,是摆在城市决策者面前的一个考验,也是本书作者和课题组成员力图完成的一项使命。

本书上半部分针对国内外开展生态补偿的现状及先进经验,结合青岛市生态功能保护区现状及存在的问题,提出推进建立青岛市生态补偿机制的建议。下半部分把大沽河的生态治理及后期维护作为典型案例,借鉴国际先进的河流管理理念和管理模式,分析了大沽河现阶段分散式管理模式下的诸多弊端,超前设计了大沽河集中式管理体制构架和流域资源资产的市场化运作模式,以期能对我国城市内河生态治理和生态保护有所启发和帮助。

本书是青岛市生态文明建设研究课题的总结报告,课题研究过程中,本书作者团队先后赴北京、昆明、西安、成都等地实地考察调研,得到了环保部环保规划研究院、昆明市水务局、西安市浐灞河管委会、成都市府南河管委会等单位的大力支持。在本书编写过程中,青岛市财政局、青岛大沽河管理公司、青岛科技大学、山东科技大学、青岛大学、青岛农业大学、青岛理工大学等单位的相关专家给予了大力支持及帮助,提出了宝贵的意见及建议,在此,我们一并表示衷心的感谢!

本书作者团队中,还包括徐文亭、王静、舒飞涛、何欢、梁明、李晓东,他们在文献检索、数据统计、资料分析、排版校对等工作中,也付出了辛勤的努力。

由于这是首次针对青岛市城市生态补偿机制及城市河流生态治理模式开展的研究,难免有不足之处,欢迎社会各界批评指正并提宝贵意见。

青岛市科学技术信息研究所
青岛市科技发展战略研究所
二〇一五年六月

目录

上篇　青岛市建立生态补偿机制的研究及建议

第一章　生态补偿机制研究背景 ·· 3
  第一节　生态补偿机制研究的意义 ·································· 3
  第二节　世界各国生态补偿政策与实践的主要领域 ·················· 4
  第三节　生态补偿的主体 ·· 6
  第四节　生态补偿的对象 ·· 8
  第五节　生态补偿的方式 ·· 9

第二章　国内外生态补偿的先进做法及经验 ······························ 11
  第一节　国外生态补偿的先进做法及经验 ·························· 11
  第二节　国内生态补偿的发展现状 ·································· 24

第三章　青岛市生态功能保护区现状 ···································· 41
  第一节　青岛市各生态功能保护区概况 ···························· 41
  第二节　青岛市生态补偿相关政策制定与法规建设情况 ·············· 53

第四章　推进建立青岛市生态补偿机制的建议 ···························· 56
  第一节　制定青岛市主体功能区规划 ································ 56
  第二节　加快青岛市生态补偿的立法进程 ·························· 63
  第三节　完善青岛市重点领域生态补偿的工作措施 ·················· 69

第五章　青岛市饮用水水源地生态保护和生态补偿试点实施意见 ············ 85
  第一节　切实把饮用水源地保护区生态补偿作为建设新青岛、促进青岛可持
     续发展的重要保障 ·· 85
  第二节　加强饮用水源保护的工作重点 ······························ 86
  第三节　加强组织领导 ·· 89

第四节 强化目标考核 …………………………………………………… 90

下篇 青岛市大沽河管理模式研究

第一章 河流管理模式概述 ………………………………………………………… 93
  第一节 分散管理模式 …………………………………………………… 93
  第二节 集中管理模式 …………………………………………………… 94
  第三节 集中管理与分散管理对比分析 ………………………………… 101
第二章 大沽河综合治理基本状况 ………………………………………………… 103
  第一节 大沽河概况 ……………………………………………………… 103
  第二节 大沽河综合治理工程的实施 …………………………………… 104
  第三节 大沽河综合治理的财政投入及形成的国有资产 ……………… 105
  第四节 大沽河综合治理后的功能区划 ………………………………… 108
第三章 大沽河综合治理后管理维护研究 ………………………………………… 112
  第一节 管理维护的主要目标 …………………………………………… 112
  第二节 大沽河后期管理维护的内容与标准 …………………………… 113
  第三节 大沽河分散式管理模式存在的问题 …………………………… 114
  第四节 大沽河建立集中管理的必要性及效益测算 …………………… 116
第四章 大沽河集中管理维护的实施方案 ………………………………………… 122
  第一节 大沽河集中管理体制构架 ……………………………………… 122
  第二节 修订有利于大沽河集中管理的相关办法 ……………………… 126
  第三节 建立大沽河集中管理体系 ……………………………………… 127
  第四节 加强大沽河管护的监督考核 …………………………………… 129
  第五节 建立集中管理模式下的投资体系 ……………………………… 135
  第六节 建立规范大沽河的水市场体系 ………………………………… 137
  第七节 远期综合开发构想：构建大沽河生态新区 …………………… 139

参考文献 ……………………………………………………………………………… 145

上篇

青岛市建立生态补偿机制的研究及建议

第一章
生态补偿机制研究背景

第一节 生态补偿机制研究的意义

一、生态补偿与生态补偿机制

生态补偿(Eco-compensation)是以保护和可持续利用生态系统服务为目的,以经济手段为主调节相关者利益关系的制度安排。生态补偿机制是以保护生态环境,促进人与自然和谐发展为目的,根据生态系统服务价值、生态保护成本、发展机会成本,运用政府和市场手段,调节生态保护利益相关者之间利益关系的公共制度。

二、生态补偿机制研究的理论意义

1. 为贯彻落实科学发展观提供新的理论依据

不论是在经济理论研究领域,还是在社会经济实践中,生态补偿机制问题一直以来就未得到人们应有的重视,甚至直到今天,国内外理论界关于生态补偿是否有价值以及生态补偿制度是否有必要建立等问题依然没有形成一个统一的认识。这使得社会经济发展与生态环境和谐、实现可持续发展缺乏充分的理论支持,因此,非常不利于贯彻落实科学发展观。

2. 为实现人与自然之间的和谐发展提供理论指导

生态补偿机制研究的主要理论意义之一在于科学地指导生态补偿实践,提高生态系统对人类社会经济活动的服务能力和容纳人类社会经济活动排放的废弃物的能力,实现生态系统与社会经济系统之间的平衡运行以及人与自然的和谐发展。

3. 为实现不同区域、不同群体间的公平分配提供理论指导

生态补偿机制理论研究将会为更加公平、合理地调整生态消耗过程中不同利益相关者之间负担经济发展成本、分配社会福利以及实现不同区域和不同群体之间和谐发展提供理论指导。研究并建立、实施生态补偿机制可以比较公平地调整生态资源占有和消耗体系中不同地区和不同群体之间在生态资源消耗过程中的成本负担和利益分配,将经济

发展中地区生态资源消耗的负外部性内部化,从而减小区域发展差距,实现不同区域和不同群体之间的和谐发展。

三、生态补偿机制研究的实践意义

1. 培养社会公众的生态资源价值观,实现人与自然和谐发展

生态补偿是解决传统经济增长模式所造成的严重生态环境恶化问题的有效措施,进行生态补偿机制研究有利于在全社会、市民中普遍确立科学的生态资源价值观,促进人与自然和谐发展。生态补偿实质上是增加经济行为主体的资源投入成本,使经济行为主体进行经济活动的个人成本与社会成本一致。迫使经济行为的主体采用节约资源的生产技术,减少资源消耗量,以确保获得必要的个人经济收益。就经济系统整体运行而言,生态补偿有利于促进传统的粗放经济增长模式向集约型经济增长模式转变。经济行为主体的个别生产方式和社会整体经济增长模式的集约化将会大量减少经济增长的负环境效应,进而起到遏制生态环境恶化的作用。

2. 缩小经济发展的区域差距,促进区域协调发展

自改革开放以来,我国经过了三十多年的快速但非均衡发展,在经济社会发展取得了举世瞩目的巨大成就的同时,由于社会公众普遍对生态资源价值缺乏正确的认识,导致经济发展的负外部性居高不下,生态保护与经济发展之间的矛盾越来越突出,不同区域之间经济发展的差距也不断增大,广大经济发展相对落后的地区在国家整体发展战略中大多属于重要的生态功能保护区,这些地区为了服务国家全局的可持续发展,放弃了利用眼前地方经济发展可资利用的资源来保护生态环境,承担了社会经济发展的巨大机会成本,但未能得到应有的生态资源价值补偿,给地方经济增长和环境保护造成了很大压力。许多极其重要的生态功能区,如三江源、怒江流域、内蒙古大草原等地的巨大生态服务价值长期没有得到合理确认和应有的生态补偿,由此引发的相关区域内生态保护与经济发展之间的矛盾亟待得到有效解决。这种经济发展相对落后的生态功能区向经济发达地区提供生态服务,而丧失了其自身的发展机会,却并没有获得合理的生态资源价值补偿,这也是造成我国区域经济发展差距扩大的重要原因之一。更值得关注的是由于这些重要的生态功能区提供了生态服务却没有得到相应的补偿,不仅会阻碍相关地区的经济发展,还会损害这些地区地方政府、企业、社会公众保护生态环境的积极性,降低生态功能区的生态服务能力,削弱经济系统运行的生态基础,最后会给我国整体经济社会发展带来严重威胁。因此,研究生态补偿机制,不仅对生态环境保护具有理论指导意义和现实意义,而且对缩小经济发展中的地区差距和实现区域协调发展也必将发挥重要作用。

第二节 世界各国生态补偿政策与实践的主要领域

一、森林生态补偿

森林生态补偿是以森林生态系统服务为核心的生态补偿,即针对森林的属性,建立相应有效的补偿机制,将环境的外部性和非市场价值转化为真实的经济激励,使其经济外部性内部化,实现森林的可持续发展,达到保护森林生态环境的目的。森林生态补偿不仅要强调补偿资金的筹集与转移,更重要的是建立自我发展、自我约束、自我调节的激励机制,以实现其可持续发展。在我国各个领域生态补偿的研究和实践中,森林生态效益补偿开展得最全面,取得了许多宝贵的经验,尤其在补偿标准的确定上,森林生态效益补偿标准以森林生态系统服务及其价值评估为依据,较好地解决了生态补偿标准的定量化问题,为其他领域的相关问题研究提供了借鉴。

二、农业生态补偿

农业生态补偿也叫农业生态环境补偿,目前还没有一个明确的定义。从一般语义上讲,农业生态补偿可以有两种解读:一是关于农业生态的补偿,即对农业生态环境的补偿;二是关于农业的生态补偿,即对农业的一种生态补偿。有研究认为,农业生态环境补偿是国家、社会对农民群体生产农业环境产品所支付成本的合理补偿。也有研究认为,农业生态环境补偿是指国家或社会主体之间约定对损害农业生态环境的行为向农业生态环境开发利用主体进行收费或向保护农业生态环境的主体提供利益补偿性措施。因此,农业生态环境补偿同其他方面的生态环境补偿一样,其目的是实现环境利益及其相关的经济利益在保护者、破坏者、受益者和受害者之间的公平分配,使保护者得到应有的经济回报,破坏者承担破坏环境的责任和成本,受害者得到应有的经济赔偿。综上所述,农业生态环境补偿是以维护、恢复和改善农业生态环境系统平衡为目的,以调整利益相关者因保护或破坏农业生态环境系统产生的收益或者损失为原则,对农业生态环境本身和保护农业生态环境的人进行的补偿。

三、流域生态补偿

流域生态补偿是与流域生态环境相关的生态补偿,就是国家和生态保护受益地区对由于保护流域整体生态系统的良好和完整而失去发展机会的地区以优惠政策、资金、实物等形式的补偿制度。其实质是流域上、中、下游地区政府之间部分财政收入的再分配过程,目的是建立公平合理的激励机制,使整个流域能够发挥出整体的最佳效益。目前,我国东部地区的部分省、市、县政府已在辖区范围内的流域进行了建立生态补偿机制试点,如浙江在全省实施了流域生态补偿政策和机制试点,包括淳安县千岛湖的生态补偿、杭州市的生态补偿计划、浙江金东县水权补偿、浙江绍兴慈溪水权交易、珊溪水利枢纽工程生态补偿、义乌东阳水权交易、浙江德清县西部乡镇生态补偿等。福建在省辖区、市辖区的三个流域(九龙江流域、闽江流域、晋江流域)的上、下游实施生态补偿机制试点,并取得了积极的成效。

四、矿产资源生态补偿

矿产资源生态补偿是生态补偿理论在矿产资源保护中的运用。生态补偿包含两种含义:一是自然生态补偿,《环境科学大辞典》将其定义为对"生物有机体、种群、群落或者生态系统受到干扰时,所表现出来的缓和干扰、调节自身状态使生存得以维持的能力,或者可以看作生态负荷的还原能力"的补偿或指对由于社会、经济活动造成的自然生态系统、生态环境破坏所起的缓冲和补偿作用。二是指环境法学意义上的生态补偿。通常环境法学界认为生态补偿有广义和狭义之分。狭义的生态补偿是指对由人类的社会经济活动给生态系统和自然资源造成的破坏及对环境污染的补偿、恢复、综合治理等一系列活动的总称;广义的生态补偿还应包括对因环境保护丧失发展机会的区域内的居民进行的资金、技术、实物上的补偿、政策上的优惠,以及为增进环境保护意识,提高环境保护水平而进行的科研、教育费用的支出。这里的矿产资源生态补偿是取生态补偿的广义解释,即是指因矿山企业开采利用矿产资源的行为,给矿区周围的自然资源造成破坏、生态环境造成污染、矿业城市丧失可持续发展机会而进行的治理、恢复、校正所给予的资金扶持、财政补贴、税收减免、政策优惠等一系列活动的总称。

第三节 生态补偿的主体

一、政府

1. 政府作为生态补偿经常主体地位的确定

政府是世界各国实施生态补偿的经常主体。这主要是由两个方面的因素决定的:一是国家的职能。国家代表所有人的利益,担负统治和社会公共管理等职责,国家通过制定法律对生态环境和自然资源进行管理和配置。政府作为国家的执行机关,有职权依照法律规定实施相应的补偿行为。二是生态环境和自然资源的特有属性。生态环境和部分自然资源的产权界定困难、鉴定的成本太高,如水资源、海洋资源等,其一般作为公共物品或公共资源而存在,只适宜由政府进行养护和提供建设服务。少部分产权鉴定相对较容易的自然资源,如森林资源和土地资源等,但由于其外部性,产权也无法界定得十分清晰。而且自然资源兼具经济价值和生态价值,经济价值与生态价值在当前的使用中常呈现出负相关关系,在社会经济活动中,应优先考虑森林资源、土地资源等这类自然资源的何种价值以实现社会效益的最大化非常困难。这有赖于政府的统筹规划和安排。政府之所以能成为生态补偿的主体还在于其具有特殊的经济职能和地位,即它处于信息优势地位,特别是政府具有政策信息的绝对垄断地位(即垄断了政策的解释权、控制权和目标制定规划与引导权)、较强的协调能力、监督与奖惩力。政府的职能与地位也决定了其行使职能的方式,即通过宏观政策规划与引导强化市场功能。

政府作为生态补偿最常见的、最主要的一类补偿主体,起着极其重要的作用。政府主要从提供公共品和服务的角度出发实施生态补偿。这实质上是国家依靠自身掌握的国家工具依法对生态环境和自然资源的利益收入进行再分配,间接干预市场经济活动,维护社会公平,实现社会经济的可持续发展。

2. 政府进行生态补偿的资金来源

政府作为一类重要的生态补偿主体,可以按级别分为中央政府补偿主体和地方政府补偿主体。政府进行生态补偿的资金来源是其掌握的财政资金,特别是生态补偿专项基金。中央政府主要负责全国性的、具有全局意义的生态补偿,如全国性重要生态功能区保护、全国性大型生态环境工程建设、大型生态环境修复工程,以及组织相关部门和技术人员对重要的生态环境保护、建设和修复技术难题进行攻关等活动。地方政府主要是对辖区范围内或由于中央政府和地方政府的分工而进行的有关相对较小的生态功能区保护、生态环境修复和生态环境污染治理等的生态补偿活动,具体又有省、市、县(区)和镇(乡)几级政府作为生态补偿的主体。如对各自所管理的自然保护区、江河干支流堤坝修建等支付各种所需的费用。就我国目前的国情来看,政府将在相当长的一段时间内成为主要的生态补偿主体,而在国家生态补偿体系中,中央政府又将成为最主要的补偿主体。

二、社会组织

作为生态补偿主体的社会组织主要是指非营利性组织,他们是一些社会成员出于自身的政治目的、宗教信仰、个人伦理道德修养或对于公益事业的关心和热爱而自发组织起来的社会团体。社会组织分两类:一类是社会组织的活动有可能对生态环境产生负面影响,因此,也应当承担相应的补偿责任;另一类是纯粹的环境公益组织,承担义务性的补偿工作。社会组织的生态补偿经费主要来自对生态保护有觉悟的非利益相关者的捐助和资金募集,包括国际、国内各种组织和个人物质性的捐赠和捐助。社会组织一般不是生态补偿的经常主体。

三、企业

作为生态补偿主体的企业,包括法人企业和非法人企业。因为企业从事生产经营活动几乎都要涉及自然资源利用和实施影响生态环境的行为,而且企业往往是导致生态环境问题的主要"肇事者"。本着"谁破坏谁恢复、谁污染谁治理、谁受益谁付费"的原则,企业应当是生态补偿的主要责任承担者。由企业向自然资源所有者或生态环境服务提供者支付相应的费用,避免企业把本应自己承担的污染成本转嫁给社会或者利用生态环境的外部性"搭便车"降低生产成本,从而实现企业外部成本的内部化。这样,一方面可以有效控制企业的污染行为;另一方面,补偿费用也是国家生态补偿资金的主要来源。在现代社会,企业是越来越重要的生态补偿主体。在国家生态补偿体系中,要充分发挥企业这类生态补偿主体的作用。

四、公民

公民之所以能够成为生态补偿的主体之一,主要是因为公民作为生态环境的占用者和自然资源的享用者,其个人生活、家庭生活和从事个体经营活动产生外部不经济性行为。如个人或家庭生活产生的生活垃圾、开饭馆的个体工商户排出的大量废气等,他们应当交纳相应的垃圾处理费和排污费,承担相应的生态补偿责任。除了对自己的直接环境污染行为承担补偿责任外,公民作为自然资源和生态环境的最终消费者,还必须为间接的环境污染行为承担补偿责任,如合理的天然气价格应该包括环境治理成本,作为最终用户的居民在购买天然气的同时,也履行了补偿责任。

五、外国政府

随着全球一体化进程的加快,"市场失灵"已经不是一国的问题,加上全球生态环境的一体性,解决生态环境问题已经不是一国之力所能及,世界各国必须携手合作才能应对目前的生态环境危机。对于当前的全球性生态环境危机,发达国家难辞其咎,发达国家应当担当起主要责任,不仅应当解决好自己国内的生态环境问题,还应向发展中国家提供与其经济能力相适应的资金、技术援助。因此,外国政府也是生态补偿的主体之一。目前,这方面已经取得一定成果,在 1992 年召开的联合国环境与发展大会上通过各与会国的认真谈判,在达成的《21 世纪议程》中规定:发达国家每年拿出其国内生产总值的 0.7% 用于官方发展援助。尽管执行并不尽如人意,但毕竟有了很大进步。

第四节 生态补偿的对象

生态补偿的对象是指因向社会提供生态产品和服务、从事生态环境建设、使用绿色环保技术或者因保护生态环境而使正常生活工作条件或者财产利用、经济发展受到不利影响,依照法律规定或合同约定应当得到物质、技术、资金补偿或税收优惠等的社会组织、地区和个人。生态补偿的对象主要包括以下几类:

一、生态环境建设者

依法从事生态环境建设的单位和个人应当得到相应的经济或实物补偿,如我国 1978 年开始的"三北"防护林体系工程建设,工程建设范围包括我国东北、华北、西北地区的 13 个省(区、市)551 个县(旗、区、市),总面积 4.069×10^6 公顷,工程建设面积占我国陆地总面积的 42.4%,被誉为"世界生态工程之最",预计到 2050 年结束,共需造林 3560×10^4 公顷,目标是使"三北"地区的森林覆盖率由 5.05% 提高到 14.95%,土地沙漠化得到有效治理,水土流失得到基本控制,生态状况和人民生产生活条件得到极大改善。此项工程浩大,牵涉地区和人员众多,不论是工程前期建设还是后期管护,不论是单位还是个人,都应对他们的付出给予相应补偿。

二、生态功能区内的地方政府和居民

生态功能区是对生态环境保护具有重要意义的地理单元,在该区域范围内,经济建设要服从于生态环境保护,生态环境保护的标准往往高于非功能区或另有特殊要求,特别是对工业企业设立的生态环境准入门槛高,自然资源开发受到限制甚至禁止开发。如在三江源自然保护区,为保护"三江"河水免受污染、避免源头水土流失和保护野生动物,这里几乎停止了一切自然资源开发和利用活动;再如西南林区,为保护这里的森林资源,原为林区主要产业的森林加工业发展受到了严格限制,原有的森林加工业企业多数被强行要求"关""停"或"转"。这些措施显然不利于区域内经济的发展,地方政府财政收入因此大大减少,进而严重地影响了当地的地方教育、医疗、交通和其他公益事业发展,居民就业、择业也受影响,生活水平无疑会降低。对此,各级政府应该给该区域范围内

的地方政府和居民相应的资金、优惠政策、技术等补偿,对他们丧失的发展机会给予弥补。

三、资源开采区内的单位和居民

位于资源开采区内的单位和居民因工业和经济的发展而受到潜在或实质性危害,政府或有关单位应当给予他们一定的补偿。如某些能源开采区内的原住民和单位,因规划被迁移,或因大量工业企业迁入而导致周边生产生活环境变差、生活质量下降等,因此他们应该得到补偿。

四、合同的一方当事人

生态补偿不应该完全由政府负责,现在越来越多地通过市场补偿,如排污权交易实际上就是把企业作为主要的生态补偿主体。或者在不损害社会公共利益和第三人利益的前提下,就生态环境和自然资源的保护和利用直接由双方约定补偿,这在我国也有先例,如后文提到的浙江义乌—东阳水权交易,东阳根据合同的规定向义乌提供特定水资源的使用权,东阳是被补偿的对象,义乌是生态补偿的主体。

五、国家

由于生态补偿的国际性,国家既是补偿的主体,也可以是应得到补偿的补偿对象。当其他国家对本国的生态环境造成损害时,本国应该得到其他国家的补偿,这种条件下国家就成为生态补偿的对象。或者,本国为了其他国家的生态利益而减少发展机会,也应得到其他国家的补偿,成为生态补偿的对象。

第五节 生态补偿的方式

一、国际上主要的生态补偿方式

根据不同的划分标准,生态补偿的方式多种多样。国际上通常将生态补偿方式划分为以下四类:一是直接公共补偿,政府直接对生态系统服务的提供者进行补偿,这是最普通的生态补偿方式。二是限额交易计划,政府或管理机构首先为生态系统退化或一定范围内允许的破坏量设定一个界限,处于这些规定管理范围之内的机构或个人可以直接选择通过遵守这些规定来履行自己的义务,也可以通过资助其他土地所有者进行的保护活动来平衡自己造成的损失。通过对这种抵消措施的信用额度进行交易,可以获得市场价格,达到补偿目的,如欧盟的排放权交易计划。三是私人直接补偿,各商业团体和(或)个人消费者可以出于慈善风险管理或准备参加市场管理的目的而参加生态补偿工作。四是生态产品认证计划,消费者可以通过选择生态标志产品,为经济独立的第三方根据标准认证的生态友好型产品间接提供生态补偿。

二、中国的生态补偿方式

按照补偿方式划分,我国的生态补偿主要分为政府补偿和市场补偿两大类,政府补偿是以国家或上级政府作为实施生态补偿的主体,以区域下级政府或农牧民为补偿对象,以公共属性强的生态要素为补偿客体的补偿方式;市场补偿是指市场交易主体在政府制定的各类生态环境标准、法律法规的范围内,通过经济手段、市场行为改善生态环境的活动的总称。

按照补偿主体、补偿对象的社会层次划分,生态补偿大致可分为国家补偿、地区补偿、部门补偿、产业补偿等。

从补偿的地域层次角度可将补偿方式区分为全球性补偿、区际补偿、地区性补偿和项目性补偿等四个层次。

第二章
国内外生态补偿的先进做法及经验

第一节 国外生态补偿的先进做法及经验

一、国外生态补偿的发展过程

从世界范围来看,自20世纪50年代以来生态补偿问题开始被越来越多的国家认识并付诸实践。作为一种能产生经济效益、社会效益、生态效益的生态资源管理模式,生态补偿现在受到了各国政府的普遍关注,并取得一定的成果。

在国外,生态补偿这一概念实际上是在生态系统和生物多样性保护研究及实践背景下提出的,通常指为生物多样性补偿而进行的生态服务付费过程,其目的是补偿由于区域发展、社会经济活动对生物多样性所造成的额外的、无法避免的损害的保护活动,确保不存在生物多样性的净损失。由于社会制度和发展水平的多样性和差异性,目前世界各国的生态补偿方式和水平表现出很大不同,但按照完善程度大致可分为成熟型生态补偿和发展型生态补偿两类。

1. 成熟型生态补偿

成熟型生态补偿主要存在于发达国家。由于发达国家经济率先起飞,其环境政策的发展历程可以看作是世界环境政策发展的缩影。整体来看,发达国家环境政策的发展大致经历了三个阶段的变化:① 20世纪50~70年代的单一手段阶段,主要以命令与控制手段为主,由政府推动,采用法规、标准市场准入等方式管理环境;② 20世纪80年代的双重手段阶段,特点是命令和控制手段与经济手段混合采用,发达国家逐步采用税收、押金、补贴、可交易配额等经济手段,并得到广泛应用;③ 自20世纪80年代末,尤其是90年代以来的混合手段阶段,比如随着创新弃权书、环境协议、对话等沟通手段的推出,政府日益重视与企业的沟通,更多的沟通手段不断被设计出来,并得到了企业的积极响应(图1)。

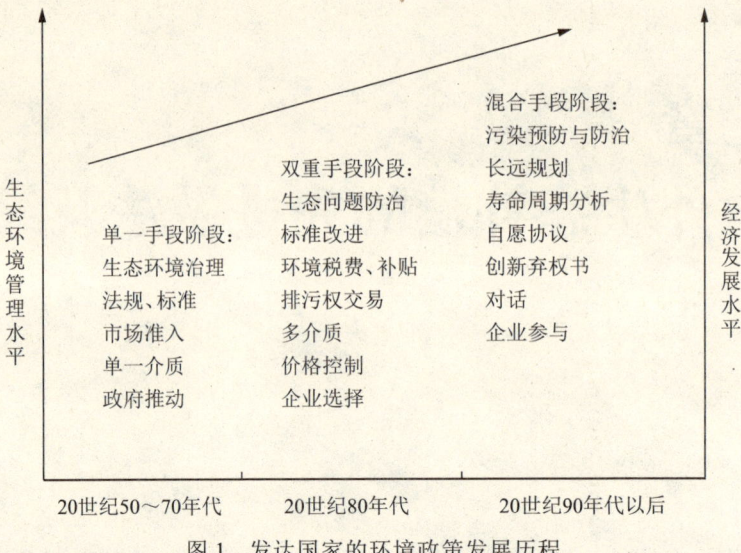

图 1　发达国家的环境政策发展历程

2. 发展型生态补偿

发展型生态补偿是包括中国在内的发展中国家或欠发达国家的生态补偿情形。由于传统环境污染问题没有得到根本解决，一些发展中国家、欠发达国家的环境污染和生态破坏的现象依然严峻。同时，亚洲发展中国家在国际贸易方面还面临着发达国家和欧盟越来越严格的环境壁垒措施。

与发达国家相比，大部分发展中国家的环境政策正处于发展和变革之中，政策体系尚不完善。这主要表现为：一是虽然相继引入众多的环境法规和标准，但依然不同程度地存在着环境标准过严、环境执法不力的情况。二是许多发展中国家虽然也积极引进和采用经济手段来管理环境，但由于市场发育不充分，加之缺乏经验，应用效果并不十分理想，并在一定程度上降低了企业遵守环境法规的灵活性以及环境法规实施的费用效率。第三，发展中国家虽然也开始尝试采用相互沟通手段，但执行起来难度大，政策往往变形。比如，在中国实行的企业环境目标责任制类似于环境协议制度，但这些协议大多不是企业完全自愿的，较少考虑政策是否符合实际以及企业或消费者是否具有承受能力，实施起来要么难以执行，要么刚性太强，成了变相的环境法标准。

二、国外生态补偿的实践及先进经验

1. 国外生态补偿的主要领域

从相关政策及实践的领域看，国外生态补偿主要集中在森林保护及植树造林、与农业活动相关的生态保护、资源开发中的生态保护、流域综合管理等领域。

森林是陆地上最重要的生态系统，各国实施生态服务付费的具体案例绝大部分是围绕森林的环境服务展开的，且多以市场机制为基础。对森林生态系统服务的补偿，主要通过碳蓄积与储存、生物多样性保护、景观娱乐文化价值实现等途径完成的。

瑞士、美国在其农业立法指导下，采取了补偿退耕休耕等来保护农业生态环境的措施。20世纪50年代,美国政府实施了保护性退耕计划,80年代实施了保护性储备计划,相当于荒漠化防治计划,纽约州曾颁布《休伊特法案》以恢复森林植被。在这些计划和法案的实施中,政府为计划实施(成本)和由此对当地居民造成的损失提供补贴(偿)是一项重要内容。欧盟也有类似的政策和做法。

流域生态系统服务主要包括水质保持、水量保持和洪水控制三方面。尽管这三方面的服务相互关联,但通常具有不同的受益人,对这三种流域生态系统服务的公共补偿,以及对水质与水量的私人补偿,都有利于上游保护者,特别是当地的一些穷人。

在矿产资源开发的生态补偿方面,美国和德国的做法相似。美国将矿区的生态环境治理分为法律前和法律后,使矿区生态损害与恢复治理的责任明确。对于立法前的历史遗留的生态破坏问题,由政府负责治理,由国家通过建立治理基金的方式组织恢复治理。而对于法律颁布后出现的矿区生态环境破坏,一律实行"谁破坏、谁恢复"由开发者负责治理和恢复。德国是由中央政府(75%)和地方政府(25%)共同出资并成立专门的矿山复垦公司负责生态恢复工作。

2. 国外生态补偿的基本模式

国外生态补偿的模式可以分为两类:政府购买模式和市场模式。

政府购买模式。政府购买模式的实质是直接公共补偿,它是指政府直接向提供生态系统服务的农村土地所有者及其他环境服务提供者进行补偿,主要针对地役权补偿,即对出于保护目的而划出自己全部或部分土地以提供环境服务的土地所有者或使用者进行补偿,仍然是目前国外主导的和最为普遍的生态补偿模式。政府购买模式又分为两种:一种是政府作为唯一补偿主体的政府购买模式,对由自然和人为原因所引起的缺失补偿主体的生态系统,政府作为唯一补偿主体给予补偿。一种是政府主导的政府购买模式,政府作为增益性和损益性生态补偿主要支付者的一种补偿模式,主要包括政府实施直接补偿、建立生态补偿基金制度、征收生态补偿税、区域转移支付制度、流域(区域)合作等形式。

市场模式。市场模式生态补偿是私人之间直接进行的补偿,即由非盈利性组织和盈利性组织取代政府购买补偿模式中的政府而开展的一种补偿。这些补偿通常被称为"自愿补偿"或"自愿市场",因为购买者是在没有任何管理动机的情况下进行交易的。各商业或非商业团体或个人消费者可以出于慈善、风险管理或准备参加管理市场的目的而参加这类补偿工作。市场模式又可分为市场化运作模式和生态产品认证(或生态标记计划)模式两种。市场化运作模式引入市场机制,通过生态补偿产品创新,实现对产权关系相对明确的生态补偿类型实现补偿,包括绿色偿付、配额交易、生态标签、排放许可证交易、国际碳汇交易等。生态产品认证模式或生态标记计划模式,该模式是指消费者可以通过选择,为经由独立的第三方根据标准认证的生态友好型产品提供补偿的计划,它实际上是对生态环境服务的间接支付方式。

下表列出了一些国家主要的政府主导和市场运作的不同生态补偿模式(表1)。

表 1 国外生态补偿的典型模式

国　家	主要模式	典型案例
美国	政府财政直接补偿（政府为唯一主体）	设立废矿恢复治理基金用于生态环境恢复治理。
	政府实施直接补偿（政府主导）	实施土地休耕计划等农业耕地保护计划，对按照计划退耕的农场主给予农产品价格补贴。
	政府实施直接补偿(政府主导)政府购买模式	私人性质的非营利性组织德尔塔水禽协会，主要致力于保护北美野鸭，是一个公共利益的代言人，承担了部分政府应当承担的责任。
	绿色偿付（市场运作）	下游生态受益区对上游控制土壤侵蚀、预防洪水及保护水资源的社会团体或个人给予经济补偿。
	配额交易（市场运作）	通过法律、法规、规划或者许可证为环境容量和自然资源用户规定了使用的限量标准和义务配额，超额或者无法完成配额，就要通过市场购买相应的信用额度。
	生态标签体系（市场运作）	在保护生态和自然的前提下生产的农副产品贴上认定标签，通过消费者的选择为这些产品支付较高的价格，间接偿付了保护自然的代价。
德国	政府财政直接补偿（政府为唯一主体）	专门成立矿山复垦公司，所需资金按联邦政府占75%、州政府占25%的比例分担。
	生态补偿基金制度（政府主导）	新开发矿区业主预留企业年利润3%的复垦专项资金，对因开矿占用的森林、草地实行等面积异地恢复。
	区域转移支付制度（政府主导）	德国建立州际间横向转移支付制度，通过改变地区间生态利益格局实现公共服务水平均衡，最大特点是资金到位，核算公平。
	流域(区域)合作（政府主导）	易北河上游捷克与下游德国达成共同整治易北河协议，并成立双边合作组织治理易北河污染，效果显著。
欧洲	政府实施直接补偿（政府主导）	制定法律，减少农业中氮的使用，如果遵守氮管理计划，将得到一定的补偿。
欧盟	生态标签体系（市场运作）	对产品的设计、生产和销售进行绿色认证，保证产品寿命周期各个环节能够节约资源、减少污染物排放。
英国	政府购买模式（政府主导）	保护生物多样性的北约克摩尔斯农业计划，农场主和国家公园主管机关按照自愿参与原则达成协议，对促进并增强自然景观和野生动植物价值的农场主提供补偿。
芬兰	政府实施直接补偿（政府主导）	国家采用购买的方式对生物多样性价值给予经济补偿。
瑞士	政府购买模式（政府主导）	瑞士重新构建了《联邦农业法》，目的在于向生态实践提供补贴。为了获得政府的补贴和对实施专门措施的额外奖励，农民们致力于提供持续性生态服务的努力。
墨西哥	生态补偿基金制度（政府主导）	建立一定资金规模的补偿基金，按照每年、每公顷一定金额的标准补偿森林提供的生态服务。
哥斯达黎加	生态补偿基金制度（政府主导）	建立全国性的环境服务付费制度，通过植树提供森林生态服务的土地拥有者可以得到按一定标准的补偿。
厄瓜多尔	生态补偿基金制度（政府主导）	首都基多成立流域水土保持基金，用于保护上游水土以及生态保护区。

续表

国　家	主要模式	典型案例
瑞典、比利时、芬兰	征收生态补偿税（政府主导）	通过与环境有关的税收（绿色税），限制污染物排放，对生态环境进行补偿。
法国	绿色偿付（市场运作）	毕雷矿泉水公司对水源区周围采取环保耕作方式的农民给予补偿。
澳大利亚	灌溉者为流域上游造林付费（市场运作）	灌溉者对于更新造林的土地，在十年之内每年向新南威尔士的林业部门购买减少蒸发或盐化的存款。这项收入由新南威尔士的林业部门支配并在公共的和私有的土地上重新种植树木。私有土地所有者能每年获取因其土地上的林木的使用权归新南威尔士的林业部门持有的费用。
	排放许可证交易（市场运作）	通过排放许可证交易，使生态服务商品化，并在市场交易中使生态服务提供者获得收益。
哥斯达黎加	国际碳汇交易（市场运作）	统计国内林业碳汇总量，并将额外碳汇作为国家碳汇储备，适时出售给外国企业，所得收入大部分补偿给林主。

三、国外生态补偿的典型案例

1. 政府模式的生态补偿典型案例

（1）美国土地休耕的保护储备计划

美国的土地休耕保护计划（Conservation Reserve Program，CRP）是根据美国1985年通过的食品安全法案（Food Security Act of 1985）设立的，1986年起开始实施的一项全国性的农业环保项目。CRP本着农民（包括农场主等土地所有者）自愿参与的原则，由政府补贴，农民实施10～15年的休耕还林、还草等长期性植被恢复保护计划。它的主要目标是针对那些土壤极易腐蚀的和其他环境敏感的作物用地进行补贴，扶持农作物生产者实施退耕还林、还草等长期性植被保护措施，最终达到改善水质、控制土壤腐蚀、改善野生动植物栖息地环境的目的。

CRP由农业部农场服务局（Farm Service Agency，FSA）负责实施，全国范围的农民自愿参与。根据这项计划，农民可以自愿提出申请与政府签订长期合同，将那些易发生水土流失或者具有其他生态敏感性的耕地转为草地或林地。申请批准程序是：农民根据有关地区的农场服务局的通告提出申请，申请书中农民根据自己的接收意愿提出对休耕保护土地的要价，当地农场服务局在收到申请的7～90天内给予答复。各地农场局要告知农民当地每单位土地实行休耕保护计划所能够获得的补贴额。当地农场局和国家农场局对所有投标申请进行研究，借助环境效益指数（Environment Benefits Index，EBI）和其他规定综合分析，研究其可行性和租金要价，对农民的退耕申请进行分析和筛选。CRP对申请者有严格的要求，只有满足计划所规定的各种条件的农场主才能够得到补贴。列进CRP计划的土地一是要休耕、退出粮食种植；二是要采取绿化措施，种植多年生草类、灌木或林木。农场服务局每年向CRP参与者提供补贴，CRP提供的补贴主要由以下两部分构成：一是土地租金补贴，对于农民自愿退耕并纳进CRP的土地，农场服务局将根据这些土地所在地的土地相对生产率和当地的旱地租金价格，评估确定一个年度土地租金补贴价格，农民获准加进 CRP 后，即可享受补贴。二是分担植被保护措施的实施本钱，根据农民实施种草、植树等植被保护措施的本钱，CRP 向农民提供不超过本钱 50% 的现金补贴。另外还有可能提供 9.9 美元/公顷·年（4 美元/英亩·年）的补助作为一些特别维持责任的鼓励金；对于一些持续签约的项目，每年还提供不超过年租金 20% 的其他经济资助作为激励。除负责实施该计划的农场服务局外，美国农业部自然资源保护局（NRCS）和美国农业部合作研究、教育与推广局，以及各州林业机构、地方水土保持机构和相关的私有机构等，也为 CRP 计划提供技术支持，根据环境的需要在任何时点上均可进行 CRP 合同的续签。CRP 的实施减少了水土流失，改善了生态环境，并且使农民收入多元化，繁荣了当地的经济，达到了预期目标。

(2) 英国保护生物多样性的北约克摩尔斯农业计划

英国北约克摩尔斯农业计划（North York Moors Farm Scheme）是欧洲生态保护补偿政策的成功经验之一，该计划是保护珍稀动植物或保护物种多样性。北约克摩尔斯国家公园（North York Moors National Park）建立于 20 世纪 50 年代，该公园的面积为 1 436 平方千米（554 平方英里），最高点是 454 米（1 490 英尺），植被包括 35% 杂色高沼地、22% 林地、40% 农田、3% 其他（湖、水库等），公园有全职员工 80 名、兼职员工 60 名，公园建设预算为 56 亿英镑，公园内又大多集中在 4 个村庄的 25 500 人，公园的土地权属为 83% 私有、14.5% 林业公司所有、1.5% 国家信托公司所有、1% 国家公园所有。北约克摩尔斯农业计划（North York Moors Farm Scheme）是英国 1985 年环境法要求在农场经营中优先考虑生态保护的实施案例，1990 年北约克摩尔斯农业计划开始实施。依据 1981 年英国《野生动植物和农村法》第 39 条的规定，农场主和国家公园主管机关按照自愿参与原则达成协议，目的是对促进并增强自然景观和野生动植物价值的农场主提供补偿，该计划一共达成了 108 份协议，包括了 90% 符合条件的农场主和 7 441 公顷土地，经费从 1990 年的 50 000 英镑增加到 2001 年的 449 000 英镑，每年对每份协议进行监察，实现了全部目标。该方案具有参与率高、直接成本低的优点，实施得非常成功。

作为该计划基础的法律在计划实施中发挥了积极作用。1981 年英国颁布的《野生动植物和农村法》第 39 条规定："相应主管机关（如国家公园）为了保护或增强自然景观的优美或其他无论是位于乡村还是在其他区域的土地的宜人美感价值，或为了增进自然景观带给公众的快乐，可以与有兴趣的任意土地经营人在特定时期或无限制的时间内达成契约，可以包括由相应主管机关根据对契约目的而明确的必要的或有利于实现保护目的的附带的和结果性的义务规定（包括由一方向另一方做出补偿）"。该计划的成效是多元的，在转移增加生产的压力、鼓励低密度种植、确保环境保护、刺激地方就业、保持个体农场主管理其农场事务的灵活性等方面都有很好的体现。同时该计划也有很高的社会价值，在生态保护的同时鼓励使用 50 年前的传统的土地利用方式。

(3) 瑞士保护农业环境的补偿政策

瑞士的生态保护补偿制度体现在农业环境政策中。为了向生态补偿实践提供补贴，

1992年瑞士重新构建了《联邦农业法》。自1993年以来，为了获得政府的补贴和实施专门措施的额外奖励，农民们致力于提供持续性生态服务。1996年《联邦农业法》进行了修订，1996年的宪法修订案也将直接收入所得与生态管理的最低要求联系在一起，此修订在公众投票中得到78%的民众的支持。这同时反映出此后出台的与保护生态相关的农业政策获得了公众的高度支持。

重建的瑞士《联邦农业法》依据农业的可持续性对三个层次的农业发展提供财政和补偿支持：第一层次是支持特定的生物类型，如广阔的草地和牧场、高杆果树和树篱；第二层次是支持比保护性农业更高的生态标准的农业生产；第三层次是支持有机农业。实现上述农业环境政策主要依靠生态补偿区域（Ecological Compensation Areas，ECA）计划和生态税计划。

生态补偿区域计划（ECA）旨在增进自然生物多样性、保护农业生物多样性（物种不再进一步消失，而且稳定增加濒临灭绝物种的数量），该计划在所有的已用于农业的区域（Utilised Agricultural Area，UAA）内推行。生态补偿计划内容包括三个部分：第一部分是自1999年起农民必须证明他们达到了生态环境标准才有资格获得相关领域的生产补助。2002年86%的农民，他们总共耕种着已用于农业的96%的土地，达到了生态补偿区域计划的面积目标。就保护生物多样性而言，生态补偿区域计划要求每户农民必须将他们37%的农田转化为生态补偿区域（ECA），并在生态补偿区域内实施生态保护的措施，包括对施肥的限制性规定、杀虫剂的限制使用等，以达到既定的环境目标，参加生态补偿区域计划的期限至少6年。第二部分是直接付费，它是自1993年生态补偿区域计划最初被引进时提供给自愿遵守的环境保护措施者的补偿。第三部分是自2002年实施的额外奖金，如果生态质量的最低标准被实现，参与保护生物群落计划的农民能够获得额外奖金。

生态税改革是体现生态保护补偿、实现生态化农业的另一项重大政策。瑞士民众支持将生态保护费用的支付问题综合纳入全面的税收改革计划中去，因为完全放弃现行的财政体系是不行的，激励性税收应该与财政和公共开支的规定相一致，重要的环境目标应该被这些税收措施所支持，新的补贴应该避免，已有的补贴必须经检查或减少，避免与生态环境目标相冲突。在农业环境政策推行中，最难的决策问题是如何设定产量削减目标和如何制定相应的有机农业的生态环境目标和标准。幸运的是，从1990年起瑞士开始组建一个由200多个农场组成的网络，用于测试资源保护技术对农业活动在经济和生态方面的作用，这就创造了很好的实验基础和数据分享体系，极大地加快了生态—生产目标和环境保护标准得以普遍实现的进程。

（4）德国易北河流域生态补偿

德国易北河流域生态补偿实践是比较著名的流域生态补偿的案例。易北河贯穿两个国家：上游在捷克共和国（简称捷克）；中下游在德国。1980年以前从未开展流域整治，水质日益下降；1990年以后德国和捷克达成采取措施共同整治易北河的双边协议，成立双边合作组织，由两国的专业人士组成，目的是长期改良农用水灌溉质量，保持两河流域生物多样性,减少流域两岸污染物的排放。双边组织由 8 个专业小组组成:① 行动计划组,确定、落实目标计划;② 监测小组,确定监测参数目录、监测频率,建立数据网络;③ 研究小组,研究采用何种经济、技术等手段保护环境;④ 沿海保护小组,解决物理方面对环境的影响;⑤ 灾害组,解决化学污染事故,预警污染事故,使危害减少到最低限度;⑥ 水文小组,搜集水文资料数据;⑦ 公众小组,从事宣传工作,每年出一期公告,报告双边工作组织工作情况和研究成果;⑧ 法律政策小组。

易北河流域整治的经费来源:一是排污费,居民和企业的排污费统一交给污水处理厂,污水处理厂按一定的比例保留一部分资金后上交国家环保部门;二是财政贷款;三是研究津贴;四是下游对上游经济补偿。2000 年德国环保部拿出 900 万马克给捷克,用于建设捷克与德国交界的城市污水处理厂,整个项目的完成约需要 2 000 万马克(2000 年的价格)。现在,易北河水质已大大改善,德国又开始在三文鱼绝迹多年的易北河中投放鱼苗并取得了可喜的成绩。这个例子,不仅说明生态补偿机制的建立是必要的,也是可行的。生态补偿机制不仅可以在省内、国内建立,也可以跨国建立。

德国的生态补偿机制最大的特点是资金到位,核算公平。资金支出主要是横向转移支付。所谓横向转移就是由富裕地区直接向贫困地区转移支付。换句话说,就是通过转移支付改变地区间既得利益格局,实现地区间公共服务水平的均衡。德国国内转移支付的另一个重要特点是州际间横向转移支付,它以州际财政平衡基金为主要内容。横向转移支付基金由两种资金组成:扣除了划归各州的销售税的 25% 后,余下的 75% 按各州居民人数直接分配给各州;财政较富裕的州按照统一标准计算拨给财政不富裕的州作为补助金。

(5)墨西哥对森林服务功能的补偿

2003 年墨西哥政府成立了一个价值 2 000 万美元的基金用于补偿森林提供的生态服务。墨西哥政府对重要生态区森林生态服务进行生态补偿的补偿标准是 40 美元/(公顷·年)[约 22 元/(亩·年)],对其他地区森林生态服务进行生态补偿的补偿标准是支付 30 美元/(公顷·年)[约 16 元/(亩·年)]。

(6)美国德尔塔水禽协会承包沼泽地计划

德尔塔水禽协会是一个私人性质的非营利性组织,主要致力于保护北美野鸭。1991 年,协会开始了一项创新计划——让动物爱好者和环境保护人士承包沼泽地。协会认为,应该使农场主有积极性保留沼泽地,才能使野鸭得以生存。这项计划是由该协会与农场主约定,用付租金的方式让动物爱好者和环境保护人士承包这些私有土地上的沼泽地,从而保护沼泽地周围的巢穴,使野鸭繁殖增长。按照规定,承包人按每年每公顷约 17 美元付给农场主沼泽地保护费,以及 74 美元的野鸭栖息地修复费。合同规定按野鸭的产量付钱,这样就给了农场主保护沼泽地,特别是野鸭巢穴的动力。该项目执行 4 年后,取得了良好的效果,承包点的数量从 1991 年的 40 个增加到 1994 年的 1 400 个,为各种野鸭提供了安全的栖息地,使这些地区很快恢复为北美的野鸭产地。这一案例并不是严格意义上的公共支付,之所以把它列入这一范畴,主要是因为德尔塔水禽协会并不是保护沼泽地的直接利益相关者,它实际上是一个公共利益的代言人,承担了部分政府应当承担的责任。

2. 市场模式的生态补偿典型案例

(1) 法国毕雷矿泉水公司为保持水质付费的实践

毕雷矿泉水公司为保持水质付费给当地农民的实践是法国生态补偿的典型案例。20世纪80年代,位于法国东北部的Rhin-Meuse流域水质受到当地农民农业活动的威胁。因此,依赖该地区的干净水源制作天然矿物质水的公司不得不做出选择,要么设立过滤工厂,要么迁移到新的水源地,要么保护该地区水源。毕雷矿泉水公司采取的措施就是购买保护该地区水质的生态服务。参与者是作为天然矿物质水的最大制造商毕雷威泰尔矿泉水公司,公司向居住于Rhin-Meuse流域腹地的40平方千米的奶牛场提供补偿。20世纪90年代早期,毕雷威泰尔矿泉水公司认为保护水源是最为节约成本的选择,于是公司与农民进行磋商,协议减少水土流失和杀虫剂使用。这项协议纯粹属于私人协议,政府仅仅支付总体费用的很小一部分,其中法国国家农业部支付研究费用的20%,而法国水管理机构支付建造和监管现代谷仓的费用的30%。私人和公共部门之间并未建立正式的合作关系。毕雷威泰尔矿泉水公司向农民支付费用,农民则减少以牧养为基础的奶牛农场业和改进对牲畜粪便的处理方法以及放弃种植谷物和使用农用化学品。公司此举的目的在于减少硝酸盐和杀虫剂的使用,恢复水对土地的天然净化功能。毕雷威泰尔矿泉水公司向农民支付特别高数额和特别长时间(18至30年)的补偿,以此补偿农民由于转变使用新技术而可能带来的风险及收益损失。每个农场可以获得长达7年的每年每公顷230美元的补偿,毕雷威泰尔矿泉水公司在每个农场的花费大约是15.5万美元。该公司在合约期间内同时还提供技术支持和承担新的农业设备的费用,设备的所有权属于公司。在最初的7年,该公司为这项计划投入了2 450万美元的费用。

(2) 澳大利亚灌溉者为流域上游造林付费

澳大利亚面临广阔的土地遭受盐渍化这一生态问题,而土地盐渍化进程随着森林的砍伐而更加严重。森林砍伐导致了地下水水面上升,地下水将溶解的无机盐带到了地表。在墨累河和达令河流域(The Murray-Darling watershed)的马奎瑞河(Macquarie)次水域,因其自然地形特征和空旷的地域特征,土地严重盐渍化。新北威尔士的政府林业部门负有养护和管理森林的责任,对此采取了一项生态保护及补偿的重要举措:灌溉者付费给上游造林者。这项治理措施的参与者是新南威尔士的林业部门(State Forests of New South Wales,简称SF)和马奎瑞河食品和纤维协会(Macquarie River Food and Fiber,简称MRFF)——一个由马奎瑞河周边水域的600名灌溉农民组成的协会。马奎瑞河食品和纤维协会为其获得的流域生态系统服务价值付费。1999年,新南威尔士的林业部门和马奎瑞河食品以及纤维协会一起达成了一个"引水、控盐"的贸易协定。据此,马奎瑞河食品和纤维协会向新南威尔士的林业部门支付一定的费用以供其在上游水域更新造林。这种公私合作模式是这样运作的:灌溉者对每一公顷更新造林的土地,在十年之内每年向新南威尔士的林业部门支付 42 美元购买减少蒸发或盐化的存款,该存款是先前新南威尔士的林业部门聘请他人对 100 公顷土地进行更新造林获得的。这项收入由新南威尔士的林业部门支配并在公共的和私有的土地上重新种植树木。私有土地所有者每年能获取因其土地上的林木使用权归新南威尔士林业部门持有的费用。此措施的目的是对该区域 40% 的盐化土地进行生态修复。这个协定还不是一个真正意义上的贸易计划,因为在这项协议中只有两个缔约方——新南威尔士的林业部门和马奎瑞河食品及纤维协会,不包括私有土地所有者。这一运用市场手段为解决田地盐化问题提供了极有价值的启示。

（3）哥斯达黎加森林生态效益补偿

哥斯达黎加是生物多样性最丰富的国家之一,哥斯达黎加的森林生态补偿制度前身为 1969 年《森林法》中规定的森林激励措施,由于种种原因,这些激励措施在法律生效的十年之后才开始实施。1979～1995 年,经过十多年的努力,哥斯达黎加于 1986 年、1990 年两次修订了《森林法》,对激励措施进行不断调整和完善,并最终在其后 1996 年修订的《森林法》中对生态补偿制度做出了完整的规定。哥斯达黎加的森林生态补偿制度,主要牵涉到森林生态服务提供方、生态服务支付方和国家森林基金（FONAFIFO）三类主体。其中,森林生态服务提供方是指该国私有林地的所有者,生态服务支付方是指为森林生态服务支付一定金额的私有企业（电力公司、饮料生产企业等）、国家政府基金（主要来自化石燃料税）和一些国内国际组织或个人（主要来自组织或个人的捐赠）。其中,国家森林基金是指根据 1996 年《森林法》成立的专门负责管理和实施森林生态补偿制度的一个公共部门,主要用于补足支付方提供的资金缺口,同时也对生态补偿制度的实施过程进行管理。在三类主体中,国家森林基金是森林生态补偿制度得以顺利实施的重要的管理机构和驱动力。

哥斯达黎加的森林生态补偿制度由国家森林基金（FONAFIFO）负责执行。根据《森林法》规定,私有林地的所有者向国家森林基金提交申请,请求将自己所有的林地加入到国家的生态补偿制度中,国家森林基金根据法律的规定受理申请,与符合要求的林地的所有者签订生态补偿合同。国家森林基金在合同约定的支付期限内,按照约定的金额支付环境服务费用,而林地的所有者则应当按照约定,在其所有的土地上履行造林、森林保护、森林管理等义务。

1997～2003 年,根据具体情况的不同,国家森林基金与林地所有者之间签订的生态补偿合同可大致分为以下四种:① 森林保护合同（Forest protection contract）,这是森林生态补偿制度的优先选择,国家森林基金总投资额的 80% 被用于森林保护合同,保护面积达 32.68 万公顷;② 造林合同（Afforestation contract）,这是森林生态补偿制度的第二选择,占用了国家森林基金投资的 13%,保护面积为 2.19×10^4 公顷;③ 森林管理合同（Forest management contract）(2003 年取消),2003 年之前,这是森林生态补偿制度的第三选择,占用了国家森林基金投资的 6%,保护面积达 2.8×10^4 公顷,因为森林管理成本比造林成本低,所以投资比例小而保护面积大;④ 自筹资金植树合同（Self financed planting contract），占用了国家森林基金投资的1%，保护面积达到1 247公顷。国家森林基金的筹资来源是生态补偿制度能够稳定实施的重要保障。1996年颁布的《森林法》为国家森林基金规定了非常多样化的资金来源，主要包括：① 国家投入资金，包括化石燃料税收入、森林产业税收入和信托基金项目收入；② 与私有企业签订的协议；③ 项目和市场工具主要包括来自世界银行、德意志银行等国际国内组织的贷款和捐赠、国际债务交换、金融市场工具如债券和票据等。哥斯达黎加此项举措使得森林覆盖率回升。在短短的十几年时间里，其森林覆盖率提高了26%，同时改善了受益农户的生活，也在全国范围内实现了对森林价值的认同。

哥斯达黎加取得上述成就的原因在于以下三方面：法律基础和执行机构稳固、以市场手段为依托开发建立环境服务市场，以及对公私部门合作及公众支持的重视。

此外，哥斯达黎加还有用于生物多样性保护目的的私人保护林。成立于1986年的蒙特韦尔德保护联盟（The Monteverde Conservation League，MCL）购买蒙特韦尔德云雾森林保护地（The Monteverde Cloud Forest Reserve）周围的林地用于生态保护。该联盟现在已拥有22 000公顷以上的土地，包括用欧洲学校的孩子们捐献的资金购买的哥斯达黎加目前最大的私人保护林"孩子们永恒的雨林"。

（4）哥斯达黎加开展的CTO交易案例

CTO代表一定量的温室气体释放物，这些释放物用减少的或被吸收的碳当量表示。在国际市场进行CTO贸易时，当一个外国投资者通过开展林业保护或重新造林的方式购买了一定量的CTO，就相当于为当地政府的森林保护提供了支持。哥斯达黎加政府通过CTO贸易从国际市场上寻求政府在生态环境保护方面的财政支持。1996年哥斯达黎加做成第一笔CTO交易，以200万美元的价格卖给挪威20万个CTO单位（相当于抵消20×10^4 t碳排放）。同年哥斯达黎加另外启动了森林环境服务支付（FESP）项目，项目中规定要对植树造林支付一定费用作为补偿，种植树木要以国际标准严格认证，费用的支付标准每年都要调整，2002年的支付水平为5年每公顷支付530美元，支付费用的主要来源是政府成立的碳基金和政府从化石燃料中征收的销售税。

3. 生态产品认证或生态标记计划的典型案例

欧盟生态标签制度。为鼓励在欧洲地区生产及消费绿色产品，欧盟于1992年出台了生态标签制度，该制度是一种自愿性制度，欧盟建立生态标签制度的初衷是希望把各类产品中在生态保护领域的佼佼者选出予以肯定和鼓励，从而逐渐推动欧盟各类消费品的生产厂家进一步提高生态保护，使产品从设计、生产、销售到使用，直至最后处理的整个生命周期都不会对生态环境带来危害。生态标签同时提示消费者，该产品符合欧盟规定的环保标准，是欧盟认可并鼓励消费者购买的绿色产品。如果生产商希望获得欧盟生态标签，必须向欧盟各成员国指定的管理机构提出申请，完成规定的测试程序并提交规定的测试数据，以证明产品达到了生态标签的授予标准。欧盟对于每一种产品都规定了相应的环保性能标准，这些标准主要是关于自然资源与能源节省情况、废气（液、固体）及噪声的排放情况等。

欧盟通过各种途径积极地向消费者推荐获得生态标签的产品、生产厂家和贴花产品,可以很快在欧盟市场上获得消费者的注意及知名度。根据欧盟 2002 年的调查结果,有 75% 的欧盟消费者愿意购买贴花产品。产品获得生态标签认证,可以塑造企业良好的社会形象、取得消费者及社会的信赖、提高产品的附加值。即使贴花产品的价格稍高于常规产品,消费者仍倾向于绿色产品。目前,欧盟市场上的贴花纺织品的价格比普通纺织品要高出 20%～30%,但绝大部分欧盟消费者仍愿意购买前者。

4. 国外生态补偿相关政策

从 20 世纪初开始,美、德等西方国家就通过制定宪法等有关立法活动,对环境保护和维护生态平衡进行法律规制。虽然目前各国并没有制定专门的生态补偿法,但是在其农业、林业、自然资源开发等与生态环境密切相关的法律与政策中,都有与生态补偿相关的规定。

(1) 美国的相关法律规定

20 世纪 20 年代,随着泡沫经济的破灭和生态环境日益恶化,美国经济出现了严重衰退,农产品生产过剩使得农产品价格大幅下跌,农业生产极其艰难,大批农场相继破产,社会动荡不安。面对经济危机和生态环境问题,政府意识到调整产业结构、改善生态环境的重要性。

1956 年颁布的《美国农业法》规定了土壤银行计划,即鼓励农场主短期或长期退耕一部分土地存入土壤银行,银行付给其一定的补助,并对按照此计划退耕土地的农场主给予农产品价格补贴。1961 年为减少饲料谷物的产量,美国制定了紧急饲料谷物计划,要求在至少停耕 20% 耕地的情况下,农场主才能从政府取得停耕土地正常产量 50% 的现金或实物补贴,如果停耕土地超过 20%,政府将把补贴的比例提高 60%。据统计,1959～1968 年,每年仅根据土壤银行计划退耕的土地就有 445×10^4～1174×10^4 公顷。

1985 年,美国政府实施了耕地保护性储备计划(Land Retirement Programs),耕地保护性储备计划是在容易发生土壤侵蚀、荒漠化的地区,实行有计划的退耕还草、退耕还林以及休耕,政府对退耕农民因保护生态而放弃耕作所承担的机会成本进行补偿,政府与农民签订合同,政府按照登记注册的土地数量,以一定土地租价向农民支付租金,并分担农民转换生产方式过程中大约 50% 成本,一般合同期为 10～15 年。补偿金完全由政府提供,在项目实施中遵循农户自愿的原则。相关的研究表明,1985～2002 年,有 1360×10^4 公顷耕地退出农业生产活动,涉及 37×10^4 农户。美国政府每年通过农业部花费约 15×10^8 美元用于支付土地租金和分担农民转换生产方式的成本,平均补偿金额为 116 美元/公顷·年,退耕的土地 60% 转为草地、16% 转为林地、5% 转为湿地。

1996 年、2002 年美国又相继出台了《1996 年农业法》和《2002 年农场安全与农村投资法案》(简称《2002 年农业法》)。在《2002 年农业法》中,美国政府除保留《1996 年农业法》中规定的 666 亿美元的农业补贴外,还将新增 519 亿美元农业补贴,其中 171 亿美元用于农业生态环境保护计划的补贴。《2002年农业法》授权农业部实施的主要生态环境保护补贴计划有保护性储备计划(CRP)、保护保障计划(CSP)、湿地保存计划(WRP)和环境质量激励计划(EQIP)等。

(2) 德国的相关法律规定

1980年德国制定了《联邦矿山法》，对矿区生态补偿与恢复做出了规定。根据《联邦矿山法》，针对新老矿区的不同情况，联邦政府采取相应解决方法并取得了明显成效。对于历史遗留下来的老矿区，联邦政府专门成立矿山复垦公司专门从事矿区的生态补偿与恢复，所需资金由政府全额拨款，并按联邦政府占75%、州政府占25%的比例分担。对于新开发矿区，根据《联邦矿山法》的有关规定，作为审批的先决条件，矿区业主必须对矿区开发造成的生态损害进行补偿与复垦提出具体措施；必须预留生态补偿与复垦专项资金，其数量由生态补偿与复垦的任务量确定，一般占企业年利润的3%；必须对因开矿占用的森林、草地实行等面积异地恢复。政府每年还要派人到矿区进行专项检查，确保工作落到实处。

德国对矿区开发和复垦都制定了严格的环境质量标准，如对露天开挖出来的表土层和深土层要分类堆放以便复垦，并确保复垦后能迅速恢复地力；矿水抽出后不得直接排入河流或湖泊，必须经过人工芦苇湿地生物处理后才允许排放；矿区要对周围的地下水位负责，矿坑恢复为人工湖的要负责管理100年；复垦为耕地的要种植作物7年并变为熟地后才予验收等。

(3) 澳大利亚的相关法律规定

由于农业耕作和放牧，澳大利亚的森林和林地植被大量减少。据研究表明，澳大利亚15%～20%的温室气体缘于面积正在迅速减少的森林和林地。森林和林地面积的减少还造成土壤盐碱化和水土流失日益严重，已威胁到澳大利亚几百万公顷的生产型农田和一些城市的供水。为解决这个问题，澳大利亚不少地方已开始生态补偿的尝试，马奎瑞河灌溉者支付流域上游造林协议就取得了较好的效果。

马奎瑞河位于澳大利亚东部，其上游源区大规模的森林砍伐加快了土壤水分蒸腾作用，造成土壤盐渍化问题日益严重。马奎瑞河下游600个农场主组成的食品和纤维协会、新南威尔士州的林务局以及马奎瑞河上游土地所有者共同制定了灌溉者支付流域上游造林协议，由食品与纤维协会向新南威尔士州的林务局支付蒸腾作用服务费，为其获得的流域生态环境功能性服务价值付费。新南威尔士林务局利用这一经费，采取在上游源区私有土地上种植脱盐植物、栽种多年生深根系树木等措施，保持土壤中水分，避免土壤盐碱化。私有土地所有者能获得相应的年金，但林业产权归林务局所有。下游农场主按照17澳元/100万升水的价格来付费，或者是按照85澳元/公顷的价格来补偿，农场主同意支付10年。为保持森林生态服务功能，新南威尔士州政府进行了许多先驱性努力。国际上最早的碳汇市场就出现在澳大利亚的新南威尔士州，二氧化碳排放较多的造纸、钢铁等企业，通过这个市场花钱买那些已实现清洁生产，有多余二氧化碳额度的企业的指标。这是用市场经济杠杆鼓励企业减排二氧化碳,敦促排放大户加快治理。1998年,新南威尔士州议会通过了碳权利立法,允许投资者们在土地上登记森林碳蓄积的所有权。2002年,新南威尔士州立法规定,将对超标排放的 CO_2 处以10~20澳元/吨的罚款。

第二节 国内生态补偿的发展现状

一、我国生态补偿实践的总体情况

我国具有典型意义的生态补偿开始于森林生态效益补偿。森林效益补偿实践探索源于20世纪70年代四川省成都市。经历了10多年探讨,1992年林业部门会同财政部、国家计委、国家税务总局、水利部、建设部、国家旅游局6部委,就建立生态效益补偿基金问题对9省区进行了深入调研,1993年国务院《关于进一步加强造林绿化工作的通知》指出:"要改革造林绿化资金投入机制,逐步实行征收生态效益补偿费制度"。1998年《森林法》修正案明确规定:"国家设立森林效益补偿基金,用于提供生态下游的防护林和特种用途林的营造、抚育、保护和管理",从此森林生态效益补偿基金制度从法律上得到了承认与保障。

近年来,我国积极探索生态补偿机制建设,在森林、草原、湿地、流域和水资源、矿产资源开发、海洋以及重点生态功能区等领域取得积极进展和初步成效,生态补偿机制建设迈出重要步伐。

一是建立中央森林生态效益补偿基金制度。根据《森林法》的有关规定,财政部、林业局先后出台了国家级公益林区划定办法和中央财政森林生态效益补偿基金管理办法,在森林领域率先开展生态补偿。其中,国有国家级公益林每亩每年补助5元,集体和个人所有的国家级公益林补偿标准从最初的每亩每年5元提高到2010年的10元和2013年的15元。

二是建立了草原生态补偿制度。2011年,财政部会同农业部出台了草原生态保护奖励补助政策,对禁牧草原按每亩每年6元的标准给予补助,对落实草畜平衡制度的草场按每亩每年1.5元的标准给予奖励,同时对人工种草良种和牧民生产资料给予补贴。截至2012年年底,草原禁牧补助实施面积达12.3亿亩,享受草畜平衡奖励的草原面积达26亿亩。

三是探索建立水资源和水土保持生态补偿机制。2013年3月,国务院批复了丹江口库区及上游地区对口协作工作方案,支持南水北调中线工程受水区的北京市、天津市对水源区的湖北、河南、陕西等省开展对口协作。2013年年初,发展改革委、财政部、水利部出台文件要求进一步提高水资源费征收标准,并正在研究制定水土保持补偿费征收使用管理办法。

四是形成了矿山环境治理和生态恢复责任制度。从2003年起,国家设立矿山地质环境专项资金,支持地方开展历史遗留和矿山的地质环境治理。2006年,国务院批准同意在山西省开展煤炭工业可持续发展试点;同年,财政部会同国土资源部、原环保总局出台了建立矿山环境治理和生态恢复责任机制的指导意见,要求按矿产品销售收入的一定比例,提取矿山环境治理和生态恢复保证金。2010年,国土资源部出台发展绿色矿业的指导意见。

五是建立了重点生态功能区转移支付制度。2008年以来,财政部出台了国家重点生态功能区转移支付办法,通过提高转移支付补助系数的方式,加大对青海三江源保护区、南水北调中线水源地等国家重点生态功能区的转移支付力度。目前,转移支付实施范围已扩大到466个县(市、区)。同时,中央财政还对国家级自然保护区、国家级风景名胜区、国家森林公园、国家地质公园等禁止开发区给予补助。

二、我国地方层面的生态补偿实践情况

从地方层面看,各地方根据自己本区域的发展制定了不同的生态补偿发展策略,开展了形式多样的生态补偿实践。

在森林方面。2012年,已有27个省(区、市)建立了省级财政森林生态效益补偿基金,用于支持国家级公益林和地方公益林保护,资金规模达51亿元。例如,山东省省级财政安排专项资金,同时组织市、县财政分别对省、市、县级生态公益林进行补偿,形成了中央、省、市、县四级联动的补偿机制。广东省由省、市、县按比例筹集公益林补偿资金。福建省从江河下游地区筹集资金,用于对上游地区森林生态效益补偿。北京市对生态公益林每亩每年补助40元,并建立了护林员补助制度,每人每月补助480元。海南2008年出台《海南省人民政府关于建立完善中部山区生态补偿机制的试行方法》,计划用5年时间将财力性生态补偿转移支付由2 000万元提高至6 000万元,并将森林生态效益补偿基金标准由每亩每年5元提高至每亩每年20元。各地对地方公益林的补偿标准,东部地区明显高于中央对国家级公益林补偿标准,西部地区则大多低于中央补偿标准。

在草原方面。内蒙古自治区多渠道筹集国家草原生态保护补助奖励配套资金,2011年,自治区、盟(市)和旗(县)三级财政落实配套资金10.3亿元,并根据草原承载能力,核定了2 689万个羊单位的减畜任务,分三年完成。甘肃省将该省草原分为青藏高原区、黄土高原区和荒漠草原区,实行差别化的禁牧补助和草畜平衡奖励政策,将减畜任务分解到县、乡、村和牧户,层层签订草畜平衡及减畜责任书。2010年,青海省在三江源试验区率先开展草原生态管护公益岗位试点,从业人员3万多人,每人每年补助1.2万元;省财政支持建立了三江源保护发展基金。

在湿地方面。各地加大财政补助力度,逐步将重要湿地纳入生态补偿范围。天津市安排专项资金,对古海岸与湿地国家级自然保护区内集体或个人长期委托管理的土地进行经济补偿。山东省对实施退耕(渔)还湿区域内农民给予补偿,并对农民转产转业给予支持。黑龙江省、广东省每年各安排1 000万元,专项用于湿地生态效益补偿试点。苏

州市将重点生态湿地村、水源地村纳入补偿范围,对因保护生态环境造成的经济损失给予补偿。

在流域和水源地方面。在中央财政支持重点流域生态补偿试点的同时,各地积极开展流域横向水生态补偿实践探索,形成了多种补偿模式。福建在省域范围内也开始了流域上下游的实践,福建省内的流域自成体系,闽江、九龙江、晋江等主要流域基本不涉及跨省问题。2003年九龙江流域成为福建省首个实行流域生态补偿的试点,在省政府的协调下,下游的厦门每年出资1 000万元用于补助上游的流域环境污染治理;2005年闽江流域开始实施上、下游的生态补偿,下游的福州市每年出资1 000万元协助上游区域的环境整治;2005年,晋江也开始实施类似的补偿,下游的泉州每年筹集2 000万元资金用于该流域环境保护项目。浙江省在全省8大水系开展流域生态补偿试点,对水系源头所在市、县进行生态环保财力转移支付,比如2000年11月,浙江省义乌市人民政府出资2亿元向毗邻的东阳市人民政府买下了约5 000万 m^3 水资源的永久使用权;2003年1月,绍兴市也与慈溪市正式签订了供水合同,慈溪斥资7亿元,2005~2022年,绍兴将向慈溪供水12亿 m^3,慈溪居民将与绍兴市民享受同水同价;浙江省丽水市为保护生态环境关闭了4家造纸厂和1家化工厂;温州市对关闭的造纸厂一次性补偿100万元,成为全国第一个实施省内全流域生态补偿的省份。江西省安排专项资金,对"五河一湖"(赣江、抚河、信江、饶河、修河和鄱阳湖)及东江源头保护区进行生态补偿,补偿资金的20%按保护区面积分配,80%按出境水质分配,出境水质劣于Ⅱ类标准时取消该补偿资金。江苏省在太湖流域、湖北省在汉江流域、福建省在闽江流域分别开展了流域生态补偿,断面水质超标时由上游给予下游补偿,断面水质指标值优于控制指标时由下游给予上游补偿。北京市安排专门资金,支持密云水库上游河北省张家口市、承德市实施"稻改旱"工程,在周边有关市(县)实施100万亩水源林建设工程。天津市安排专项资金用于引滦水源保护工程。山东省于2010年5月启动小清河流域上、下游生态环境补偿试点,计划用3年左右时间,在该流域建立起各市横向补偿(赔偿)为主、省级财政引导的生态环境补偿机制。辽宁省政府从2008年起,每年由省财政安排1.5亿元对位于辽宁东部山区的16个县(市)区进行财政补偿,以调动这些县(市)区生态保护和水源涵养的积极性。

在矿产资源开发方面。已有30个省(区、市)建立了矿山环境恢复治理保证金制度。截至2012年年底,已有80%的矿山缴纳了保证金,累计612亿元,占应缴总额的62%。山西省从2006年开始进行生态环境恢复补偿试点,对所有煤炭企业征收煤炭可持续发展基金、矿山环境治理恢复保证金和转产发展资金。截至2012年年底,山西省累计征收煤炭可持续发展基金970亿元、煤炭企业提取矿山环境恢复治理保证金311亿元,提取转产发展资金140亿元。浙江省通过地方相关立法,建立矿山生态环境备用金制度,按单位采矿破坏面积确定收费标准,同时,按照"谁开发、谁保护;谁破坏、谁治理"的原则解决新矿山的生态破坏问题,做到不欠新账。对于废弃矿山,采用两种办法治理和恢复:

若受益者明确的废弃矿山,按照"谁受益、谁治理"的机制实施;若废弃矿山已没有或无法确定受益人的,则由政府出资并组织实施。江苏省于1989年制定并实施了《江苏省集体矿山企业和个体采矿业收费试行办法》,规定对集体矿和个体采矿业开始征收矿产资源费和环境整治资金,征收标准为销售收入的2%～4%,并明确由环保部门管理和征收。广西采用征收保证金的办法,激励企业治理和恢复生态环境,若企业不采取措施,政府将用保证金雇佣专业化公司完成治理和恢复任务。在各地的实际操作过程中,多是按照矿产资源销售量或销售额的一定比例征收生态补偿费,用于治理开发造成的生态环境问题。云南省以昆阳磷矿为试点,对矿石征收0.3元/吨,用于采矿区植被及其他生态环境恢复的治理,取得了良好效果。

在海洋方面。山东、福建、广东等省坚持环境治理海陆统筹,在围填海、跨海桥梁、航道、海底排污管道等工程建设中开展海洋生态补偿试点。山东省2011～2012年累计征收海洋工程生态补偿费7 750万元,专项用于海洋与渔业生态环境修复、保护、整治和管理。福建省、广东省要求项目开发主体在红树林种植、珊瑚礁异地迁植、中华白海豚保护等方面履行义务,对工程建设造成的生态损害进行补偿。广东省大亚湾开发区安排资金扶持失海社区发展,对失海渔民给予创业扶持和生活补贴。

在重点生态功能区方面。江苏省对国家级自然保护区、国家级森林公园,以及省级重点自然保护区、重要湿地和重要水源涵养地所在市、县给予生态转移支付。江西省从2011年起每年安排1 000万元专项资金,设立省级自然保护区奖励制度。福建省安排生态保护财力转移支付资金,采取补助和奖励相结合的方式,支持限制开发区域和禁止开发区域增强公共服务保障能力。广东省安排专项财政资金,支持26个纳入省级重点生态功能区的县开展生态修复和改善民生。

在农田保护方面。2011年浙江省昆山市政府出台的《昆山市基本农田生态补偿实施办法(试行)》,明确对昆山市范围内的基本农田、生态公益林和重要湿地、水稻田、饮用水源地和拆除围网养殖(由村级集体组织发包)的大水面实施生态补偿,具体补贴标准为:基本农田每年每亩补助100元;生态公益林和重要湿地每年每亩补助100元;种植水稻每年每亩再补助200元;2006年广东东莞大岭山建立"基本农田补助专项资金",由外汇留成总额中提留5%专项资金、镇政府财政"扶贫专项资金"中每年抽取200万以及对新办的工业、商业用地征收每平方米5元的"基本农田补贴金"三部分组成。补偿方式为每年从专项资金中提取100万元用于耕地保护和基础建设,补偿标准为每年每亩200元。2012年5月东莞市国土资源局,对基本农田实行经济补偿,由财政每年按照500元/亩的标准进行补贴,专项用于农田建设、农业开发和公共支出。南京市《关于建立农业生态补偿机制的实施意见》中,针对区域内农田和防护林进行生态补偿,标准为基本农田—连片水稻田100元/亩,防护林50元/亩。

我国各地已经实施的耕地生态补偿标准如下(表2)。

表2 我国耕地生态补偿实践汇总

地 区		相关文件	补偿标准	资金来源	资金用途
成都		成都市耕地保护基金使用管理办法(试行)	基本农田400元/亩,耕地300元/亩。	耕地保护基金为主,财政资金补足。	农业保险补贴,农户养老保险补贴,集体经济组织的现金补贴。
江苏	苏州	关于建立生态补偿机制的意见(试行)	1千亩~1万亩,200元/亩,1万亩以上,400元每亩。	财政承担。	生态环境的保护、修复和建设,对直接承担生态保护责任的农户进行补贴,土地复垦复耕、土地整理、高标准农田建设等。
	昆山	昆山市基本农田生态补偿实施办法(试行)	基本农田100元/亩,水稻田200元/亩。	市级财政筹措。	基本农田基础设施、农业面源污染防治、农村生活污水治理、村级集体经济载体项目、村级公益事业和富民等方面建设。
	张家港	关于建立生态补偿机制的意见(试行)	400元/亩用于生态保护,参加粮食生产的200元/亩。	财政预算,上级专项补助及社会捐赠。	基础设施建设,农业和人口发展。
上海		上海市人民政府关于本市建立健全生态补偿机制的若干意见	300元/亩。	市财政支出为主,市场补充为辅。	支持生态农业,对农民和农村集体管理和利用基本农田的行为给予奖励和补贴。
东莞		水乡地区土地统筹规划	500元/亩。	外汇留成总额中提留5%专项资金,镇政府财政"扶贫专项资金",商业用地开发等。	耕地保护和基础建设。

三、我国实施生态补偿的相关政策

从国家和地方制定的法律法规来看,有关生态补偿的、专门的法律还比较少,关于森林、农业、流域、矿产等的生态补偿的条款多散见于各种现行的文件中,多偏重于宏观层面、以经验探讨为主,对生态补偿的主体和对象、公共财政的补偿途径、补偿资金的筹集渠道、补偿标准等方面也有涉及,但具体国家级的生态补偿法规缺失,同时便于实施、操作层面的法律法规较少,不利于生态补偿的实际操作和落实。

1. 有关森林生态补偿的政策

1992年国务院批转国家体改委《关于一九九二年经济体制改革要点的通知》(国发[1992]12号),明确提出建立林价制度和森林生态效益补偿制度,实行森林资源有偿使用;1993年国务院《关于进一步加强造林绿化工作的通知》(国发[1993]号),指出要改革造林绿化资金投入机制,逐步实行征收生态效益补偿费制度;1998年修订的《森林法》第8条第6款规定建立林业基金制度:"国家设立森林生态效益补偿基金,用于提供生态效益的防护林和特种用途林的森林资源、林木的营造、抚育、保护和管理。森林生态效益补偿基金必须专款专用，不得挪作他用。"

除了国家出台的各种文件，地方政府也出台相应的资金管理细则和办法。

2007年辽宁省出台《森林生态效益补偿基金管理实施细则》；2007年福建省人民政府下发《关于实施江河下游地区对上游地区森林生态效益补偿的通知》，实施江河下游地区市县补偿上游地区的生态公益林；2011年长春市人民政府下发《关于加快现代林业发展 推进生态文明建设的实施意见》；厦门市农业与林业局、财政局联合下发《关于新增森林生态效益补偿基金的实施意见》，新增12元/亩的森林生态效益补偿基金；大连市于2005年印发《大连市生态公益林补偿暂行办法》，2011年印发《新建经济林和苗圃 政府以奖代补资金管理暂行办法》；为保障森林生态补偿的资金来源和规范管理，2004年国家建立了中央森林生态效益补偿基金，《中央森林生态效益补偿基金管理办法》也得以颁布实施；2005年财政部、国家林业局下发关于《林业贷款中央财政贴息资金管理规定》的通知；2008年财政部下发《三江源等生态保护区转移支付资金的通知》。2009年中国人民银行、财政部、银监会、保监会、林业局联合下发《关于做好集体林权制度改革与林业发展金融服务工作的指导意见》；同年又下发《中央财政森林生态效益补偿基金管理办法》。上述法律法规的出台和颁布从林业资金来源、管理、使用方面给了明确的规定和指导。

2. 有关流域生态补偿的政策

我国十分重视流域方面的管理和建设，如修订后的《中华人民共和国水法》于2002年10月起实施；2008年6月1日实施的《中华人民共和国水污染防治法》（修订）第7条明确规定："国家通过财政转移支付等方式，建立健全对位于饮用水水源保护区区域和江河、湖泊、水库上游地区的水环境生态保护补偿机制。"对开发、利用、节约、保护、管理水资源、防治水害起到重要的全国性的规范作用。

地方政府对流域和湿地的保护也在不断加强，从2003年开始，各地方政府陆续制定湿地保护条例，如海南、广东、云南、四川、甘肃、黑龙江、江西、山东、福建、江苏、内蒙古、辽宁、山西、河南、浙江、拉萨、武汉、包头、青岛、厦门、苏州等省市均出台和颁布了湿地保护条例或办法，对湿地保护区进行界定、明确湿地管理部门职责、建立重点湿地评审制度、规范湿地范围内可以及禁止从事的活动，对于本地区的湿地保护起到了重要的促进作用。

3. 有关矿产资源开发的生态补偿政策

对矿产资源开发方式不当，或在矿产资源开发过程中不注重对当地生态环境的保护与恢复，会带来严重的生态问题。有鉴于此，我国出台和颁布的《中华人民共和国矿产资源法》《中华人民共和国环境保护法》《中华人民共和国土地管理法》《中华人民共和国固体废弃物污染环境防治法》和《中华人民共和国水土保持法》，都对矿山环境治理提出了要求，用法律和经济手段加强对矿区生态环境的修复。

1988年国务院颁布的《土地复垦规定》明确了企业土地复垦的义务和"谁破坏、谁复垦"的指导原则。《矿产资源保护条例》提出了实行矿山环境恢复保证金制度，强调矿山生态环境的综合治理。《环境保护法》《矿产资源法》《土地管理法》也分别从不同角度对矿山环境治理和资源综合利用提出了要求。

除法律法规对矿产资源的开发进行规范外,治理资金筹集和管理也是法律法规涉及的重点内容。

1989年,江苏省出台的《江苏省集体矿山企业和个体采矿业收费试行办法》明确提出了对集体和个体矿山征收矿产资源费和环境整治基金的要求,以销售收入的2%～4%为标准,由环保部门向集体和个体矿山征收、管理环境整治基金。

1990年,国务院颁布的《关于进一步加强环境保护工作的规定》提出了"谁开发谁保护、谁破坏谁恢复、谁利用谁补偿"的生态补偿要求,这是我国首次确定的生态补偿政策,至1993年征收生态补偿费的范围包括了土地开发、矿产开发、自然资源开发等6大类。国家环保局普查发现,1989～1993年全国有17个地方开展了不同程度的生态补偿费征收工作,其中江苏等省还制定了管理办法并且颁布实施。

1992年,广西出台了针对乡镇集体和个体矿山企业开展采矿和选矿的环境管理办法,对采选黑色金属、有色金属、煤炭及其他非金属等矿种按照销售额的5%～7%征收排污费(实质为生态补偿费)。

1996年,国务院颁布的《关于环境保护若干问题的决定》规定了"污染者付费、利用者补偿、开发者保护、破坏者恢复",进一步强调了环境治理与生态恢复的责任人。目前,我国已逐步确立了土地利用规划、环境影响评价、环保"三同时"制度、矿业权许可制度、限期治理制度、土地利用规划等一系列相关规章制度。一些相关的法规条例等也开始强调矿山环境治理和矿产资源综合利用等问题,矿山环境恢复保证金制度和矿山环境影响评估制度也有望逐步建立起来。江苏(2002年)和安徽(2003年)两省还出台了《矿山环境恢复治理保证金使用管理办法》,详细规定了征收、使用、监管、验收矿山环境恢复治理保证金等各环节,有效地促进了地方矿业的健康发展。

当前,我国对矿产资源开发的生态补偿还存在一定的政策空缺,虽然各地在实践上已有许多探索,也制定了一些相应的生态补偿政策,但由于缺乏国家层面的法律依据和政策指引,致使各地在补偿标准、补偿方式和具体执行等方面较混乱,同时也还存在政出多门、条块分割和地方保护等诸多体制上的限制性因素。

4. 有关农业生态补偿政策

农业是国民经济的基础产业,我国政府从《宪法》高度为农业生态补偿制度的建立奠定了基础。我国现行《宪法》第9条规定:"水流、森林、山岭、草原、荒地、滩涂等自然资源,都属于国家所有,即全民所有;由法律规定属于集体所有的山岭、草原、荒地、滩涂除外。国家保障自然资源的合理利用,保护珍贵的动物和植物。禁止任何组织和个人用任何手段侵占或者破坏自然资源。"该条款规定了自然资源的产权归国家或集体所有,国家保障对自然资源的合理利用。《宪法》第10条第5款规定:"一切使用土地的组织和个人必须合理地利用土地",这是关于保护土地的总括性规定。《宪法》第26条规定:"国家保护和改善生活环境和生态环境,防止污染和其他公害。国家组织和鼓励植树造林,保护林木。"我国《宪法》中的上述规定,以国家根本大法的形式确立了环境资源保护、防止污染这一基本国策,为建立和完善农业生态环境补偿制度奠定了宪法基础。

除《宪法》外,国家和地方政府还制定了很多有关农业的法律法规。《中华人民共和国农业法》第10章86条规定:"中央和省级财政应当把扶贫开发投入列入年度财政预算,并逐年增加,加大对贫困地区的财政转移支付和建设资金投入。"《中华人民共和国土地管理法》第42条特别规定:"因挖损、塌陷、压占等造成土地破坏,用地单位和个人应按照国家有关规定负责复垦;没有条件复垦或者复垦不符合要求的,应当缴纳土地复垦费,专项用于土地复垦。复垦的土地应当优先用于农业。"第47、48、49条制定了详细的征地补偿标准和补偿实施方案。《中华人民共和国野生动物保护法》第14条规定:"因保护国家和地方重点保护野生动物,造成农作物或者其他损失的,由当地政府给予补偿。补偿办法由省、自治区、直辖市政府制定";《中华人民共和国草原法》第31条规定:"大规模的草原综合治理,列入国家国土整治计划",第35条规定:"在草原禁牧、休牧、轮牧区,国家对实行舍饲圈养的给予粮食和资金补助,具体办法由国务院或者国务院授权的有关部门规定"。

近几年我国制定了许多与农业生态补偿制度相关的政策文件。2007年6月3日国务院发布的《国务院关于印发节能减排综合性工作方案的通知》(国发[2007]15号)明确要求:"开展跨流域生态环境补偿试点工作";2007年8月9日国务院发布的《国务院关于完善退耕还林政策的通知》(国发[2007]25号)对退耕还林的相关政策做出了规定;2007年10月财政部、国家林业局关于印发《林业生态工程建设资金管理办法》的通知(财建[2007]525号);2007年11月,财政部关于印发《完善退耕还林政策补助资金管理办法》的通知(财农[2007]339号),对相关资金的管理使用做出了规定。同时,有些政策文件是对整个生态环境补偿的规定,它们的出台和实施对农业生态环境补偿也有一定的指导意义,如2005年12月颁布的《国务院关于落实科学发展观加强环境保护的决定》(国发[2005]39号)明确提出:"要完善生态补偿政策,尽快建立生态补偿机制。中央和地方财政转移支付应考虑生态补偿因素,国家和地方可分别开展生态补偿试点"。2006年3月颁布的《国民经济和社会发展第十一个五年规划纲要》要求:"按照谁开发谁保护、谁受益谁补偿的原则,建立生态补偿机制。"2007年3月15日,国家环境保护总局下发《关于进一步加强生态保护工作的意见》(环发[2007]37号)要求:"研究探索生态补偿政策,拓宽生态保护资金渠道。总局将继续与有关部门合作,研究流域上下游之间、资源开发与生态保护之间、自然保护区内外的生态补偿途径,研究建立遗传资源获取与惠益共享机制";2007年8月24日,国家环境总局下发了《关于开展生态补偿试点工作的指导意见》(环发[2007]130号),决定在自然保护区、重要生态功能区、矿产资源和流域水环境保护四个重点领域开展生态补偿试点,为全面建立生态补偿机制奠定基础。

综上所述,经过近三十年的理论和实践探索,中国在生态补偿的研究和应用领域都有了长足的进步,但在很多方面依然存在不足。

表3 中国国家、地方生态补偿法律法规

领 域	级 别	名 称
森林	国家	国务院关于进一步加强造林绿化工作的通知
		财政部、国家林业局关于印发《林业贷款中央财政贴息资金管理规定》的通知
		财政部关于下达2008年三江源等生态保护区转移支付资金的通知
		中华人民共和国森林法
		中国人民银行财政部银监会保监会林业局关于做好集体林权制度改革与林业发展金融服务工作的指导意见
		中央财政森林生态效益补偿基金管理办法
		国家级公益林管理办法
	地方	关于印发《辽宁省森林生态效益补偿基金管理实施细则》的通知
		海南省人民政府关于印发《建立完善中部山区生态补偿机制试行办法》的通知
		关于印发《大连市生态公益林补偿暂行办法》的通知
		关于印发《大连市新建经济林和苗圃政府以奖代补资金管理暂行办法》的通知
		关于印发《大连市生态公益林补偿基金管理办法》的通知
		福建省人民政府关于实施江河下游地区对上游地区森林生态效益补偿的通知
		长春市人民政府办公厅关于加快现代林业发展推进生态文明建设的实施意见
		厦门市农业与林业局 厦门市财政局关于新增森林生态效益补偿基金的实施意见
农业	国家	中华人民共和国农业法
		中华人民共和国草原法
		湖北省农业生态环境保护条例
		土地复垦条例
流域	国家	中华人民共和国水生野生动物保护实施条例
		中华人民共和国水法
		国务院办公厅关于推进水价改革促进节约用水保护水资源的通知
		国家城市湿地公园管理办法
		国家湿地公园管理办法(试行)
	地方	云南省玉龙纳西族自治县拉市海高原湿地保护管理条例
		黑龙江省湿地保护条例
		甘肃省湿地保护条例
		江西省鄱阳湖湿地保护条例
		湖南省湿地保护条例
		广东省湿地保护条例
		关于印发《福建省闽江、九龙江流域水环境保护专项资金管理办法》的通知
		江苏省太湖流域环境资源区域补偿试点方案

续表

领　域	级　别	名　称
流域	地方	江苏省人民政府办公厅关于印发《江苏省环境资源区域补偿办法(试行)》和《江苏省太湖流域环境资源区域补偿试点方案》的通知
		山东省人民政府办公厅关于在南水北调黄河以南段及省辖淮河流域和小清河流域开展生态补偿试点工作的意见
		内蒙古自治区湿地保护条例
		辽宁省湿地保护条例
		辽宁省人民政府办公厅关于印发《辽宁省跨行政区域河流出市断面水质目标考核暂行办法》的通知
		平顶山市人民政府关于印发平顶山市水环境生态补偿暂行办法的通知
		河南省沙颖河流域水环境生态补偿和奖励资金管理暂行办法
		陕西省渭河流域生态环境保护办法
		陕西省人民政府办公厅关于印发《陕西省渭河流域水污染补偿实施方案(试行)》的通知
		关于印发河南省水环境生态补偿暂行办法的通知
		重庆市湿地保护管理条例(草案)
		四川省湿地保护条例
		关于完善地表水跨界断面水质考核生态补偿机制的通知
		浙江省湿地保护条例
		江西省湿地保护条例
		山东省湿地保护办法
		拉萨市湿地保护管理办法
		武汉市湿地自然保护区条例
		包头市湿地保护条例
		关于印发《墨水河流域生态补偿暂行办法》的通知
		关于有效保护"四个百万亩",进一步提升苏州生态文明建设水平的决定
		厦门市同安区人民政府关于印发同安汀溪水库水源保护区货币化生态补偿实施细则的通知
		苏州市湿地保护条例
矿产	国家	中华人民共和国矿产资源法
		中华人民共和国固体废物污染环境防治法
	地方	江苏省集体矿山企业和个体采矿收费试行办法
		江苏省矿山地质环境恢复治理保证金收缴及使用管理办法
		山西省人民政府关于印发山西省矿山环境恢复治理保证金提取使用管理办法(试行)的通知
		青海省原生矿产品生态补偿费征收使用管理暂行办法

四、国内实施生态补偿的先进做法

1. 浙江省

近年来,浙江省各地探索、实行了多种生态补偿形式,取得了显著成效,也发现了一些问题,为更系统、全面地推进生态补偿奠定了基础。总结调研成果,浙江生态补偿方式可以归纳为以下几类:

(1) 资源有偿使用

从 2000 年开始,浙江省便着手建立森林生态效益补偿基金制度。"十五"期间,浙江省财政每年安排 4 000 万元用于公益林建设,2001 年起又对 25 个经济欠发达县(市、区)追加 1 000 万元,同年钱塘江上游 8 个县(市、区)中 300 万亩[①]公益林被列入中央森林生态效益补助试点范围;2005 年浙江省财政厅出台了《浙江省森林生态效益补偿基金管理办法》,全省启动了森林生态效益补偿基金制度,当年重点公益林每年每亩补偿资金为 8 元,2006 年提高到 10 元。

2002 年,浙江省政府出台了《关于矿山自然生态环境治理备用金收取管理办法的通知》,依法开征矿产资源补偿费和水资源费,建立了矿山自然生态环境治理备用金制度,从 2002 年 1 月开始实行,到 2006 年年底,浙江全省矿山自然生态环境治理备用金收取率为 98%,累计收取治理备用金 4.3 亿元,为矿山生态环境"确保不欠新账"提供了保证。

(2) 供水水库生态补偿

浙江省水库集水区人口密度较高,大多数水库建于 20 世纪五六十年代,当时的主要任务是灌溉、发电、防洪等,随着水库承担起供水任务,库区发展和水质保护之间的矛盾开始逐步显现。为解决这一矛盾,一些地方政府进行了探索,并在绍兴市的汤浦水库、台州市的长潭水库等特定条件下取得了一些进展。"这种因地制宜的创新和探索,极大地调动了水库上游地区开展污染整治和生态保护的积极性,基本实现了水库水质保护和库区经济发展的双赢。但是,水库水质保护需要巨额的资金投入,必须有完善的资金筹措体系加以保障,特别是当库区人口或经济规模达到一定程度时,保护和发展的矛盾将更为突出。"

(3) 区域间生态补偿

浙江省金华市金东区,下游的傅村镇每年支付给上游的源东乡 5 万元人民币,目的是保护上游水质,让上、下游老百姓都喝上放心水,这种方式被称为区域间的生态补偿,也是浙江省乡镇之间探索区域生态补偿的一个范例。金东区源东乡地处山区,两条溪水在此发源,流入钱塘江支流金华江,而傅村镇则地处下游,源东乡的水污染主要源于农村畜禽养殖,这里既是水源地,又是山区农村。为保证下游傅村镇的用水安全,2004 年 9 月傅村镇和源东乡正式签订了生态补偿协议,傅村镇每年支付源东乡 5 万元作为对源东乡保护和治理生态环境以及为此而造成的公共财政收入减少的补偿费用,协议期限是 2

---

① 亩为非法定单位,考虑到生产实际,本书继续保留,一亩约等于 666.7 平方米。

年。根据协议,源东乡承诺原则上不发展对大气、水环境有污染的工业,这笔补偿金将主要用于辖区内源头水质的保护和治理,同时对农村面源污染进行整治。协议涉及的金额虽然小,但是对钱塘江上游地区间的生态补偿意义很大。在建设生态省的大背景下,浙江探索发达乡镇向生态保护地区补偿的做法是积极可行的。

(4) 异地开发

浙江省县域和市域内以及省内跨市域范围都有通过异地开发,对流域上游和重要生态功能区进行有效的开发性补偿实践。在市域范围内,金华市率先开展探索,在市区设立金磐扶贫经济技术开发区,作为源头地区磐安县的开发用地,并给予一系列政策扶持。1994 年园区设立后,凭借地理优势,吸引了 130 多家少污染甚至无污染的企业进驻,每年实现税收 4 千万元以上,占磐安全县税收近 1/4,创造的产值占当地 GDP 的 10%,成为典型的异地开发模式的生态补偿双赢例子。为支持山区、海岛工业发展,浙江省政府还先后批准建立了龙湾、梅墟、余姚等跨区域的省级扶贫开发区,积极鼓励异地发展,取得了可喜的成效。总结这种异地开发生态补偿新型机制的探索性成果,进一步通过规划引导、项目支持等方式,把建立生态补偿机制与扶持重要生态功能区和欠发达地区的发展有机结合,可以使异地开发生态补偿模式发挥更大的作用。

(5) 水权交易

随着经济社会发展和人口增长,多年前义乌就面临严重的供水难题,这制约了其进一步发展。而同处金华江流域的东阳市,因地处义乌市上游,水资源比较丰富,不仅能充分满足自身供水要求,还有向他处供水的能力。两市经过认真考虑于 2000 年签订了东阳市向义乌市有偿转让横锦水库部分用水权的协议,义乌市用 2 亿元水利建设资金购买东阳市横锦水库每年 $5 \times 10^7 \, m^3$ 优质水资源使用权。协议的签订促进了东阳市的发展,而义乌市则以合理的成本解决了水供应的瓶颈制约问题。

2. 江苏省

(1) 阳澄湖莲花村水源地生态补偿

莲花村位于江苏省苏州市区东北郊的相城区阳澄湖镇,坐落在阳澄湖湖心的莲花岛上,是典型的依托阳澄湖水域生态系统发展起来的农村,也是苏州市最早提出生态补偿草案的农村之一。该村通过湿地生态补偿促进了经济发展、湿地水资源保护。莲花村发展早期,阳澄湖里的大闸蟹是自然生长的,岛上居民的经济收入主要依靠种水稻、白菜。后来莲花岛村民开始散户养殖大闸蟹,养殖规模越来越大,并开展了以品蟹为主题的"农家乐"旅游项目。阳澄湖作为太湖的后备水源地,对整个苏州乃至下游城市的饮用水安全有着举足轻重的作用。而大规模的大闸蟹养殖,对阳澄湖的水质构成了威胁。为了确保阳澄湖取水安全,2007 年阳澄湖开始拆除养殖围网,政府给予适当经济补偿,但莲花岛大闸蟹的养殖业还是受到影响,村级经济和村民收入明显减少。自 2010 年苏州明确实施生态补偿以来,莲花村每年获得 50 万元湿地生态补偿资金。另外,2011 年莲花村进行农田整治,已经打造成连片水稻田 1 000 余亩,达到了苏州市水稻田的生态补偿标准,可获得市和区级财政生态补偿资金约 20 万元。为了保证村级经济的可持续发展,莲花岛借助苏州市生态补偿的契机,积极转变产业发展思路,坚持"绿色生态"的理念,发展生态休闲业,打造苏州市阳澄湖生态休闲旅游度假区,成立的阳澄湖生态休闲旅游公司。旅游公司邀请荷兰设计师对莲花岛进行了科学规划设计,不仅充分保护了原有的生态环境,也为莲花村未来的发展指明了方向。单位面积水稻田的收益比起大闸蟹的收益要少,但是莲花村却弃蟹种稻。因为莲花村通过土地流转的方式使得连片水稻田一方面可以形成规模经营,如2012年4月莲花岛村通过集资和利用生态补偿资金注册了苏州莲花岛生态农业专业合作社,通过入股分红的形式使村民获得收入。莲花岛生态农业专业合作社还为莲花岛生态大米成功注册了"耕岛"生态米商标,注册商标后生态大米的销售情况良好。另一方面,莲花村利用岛内的地理环境,又可以形成景观效应,积极探索、实践,逐渐发展旅游观光农业和生态农业。除千亩水稻项目外,莲花村还启动了300亩蔬菜基地项目和百亩果林项目,并且运行良好。春天连片的油菜花和夏季连片的水稻田具有很高的旅游观赏价值。待秋冬季水稻收割后,合作社还将启动700亩小麦项目。自2009年至今,莲花村已经举办了4届油菜花旅游节,为莲花岛带来了可观的经济收益。

(2) 太湖金市村水源地生态补偿

太湖金市村水源地生态补偿模式依靠制度创新、科技兴农,加强了村级经济的造血功能。2010年苏州市政府就金市村为保护太湖水源地,付出了较大的经济发展机会成本,按照100万元/村的标准予以补偿,同时也调动了金市村保护水源地的积极性。此外,金市村还获得高新区20万元连片水稻田的生态补偿,两部分资金共计120万元。金市村把大部分补偿资金用于土地流转,流转出来的土地作为村集体资产进行科学合理规划和改造,将其变成连片的果园。果园的发展始终坚持建设生态、观光和特色农业的思路。在保护太湖水环境大方针不变的情况下,金市村提出提高土地利用率,调整种植结构,发展生态农业的思路,达到既保护环境又发展村级经济的目的。在坚持农民自愿的基础上,将他们承包的1 000多亩水稻田流转出来,成立土地股份合作社,逐步对全村种植结构进行调整,以形成规模经营。此外,生态补偿金的30%用于股份红利发放,在果园有了收入之后,金市村会进行二次分配。其中459亩用于种植水蜜桃、黄桃和翠冠梨,现已取得经济效益。金市村把流转出的土地对外承包,农民通过参入土地股份合作社的方式获得分红,此外由于对外承包的果园需要劳动力管理,部分村民又被雇佣到果园进行劳作,每天可获得雇佣报酬。土地流转方式不仅增加了农民收入还充分发挥了农民种植的经验。

金市村在制度创新的同时,也坚持科技兴农的理念。金市村与江苏农科院、浙江农科院合作,统一引进新品、优等树苗。为了保证果树更好地生长,提高水果产量,金市村在小苗管理、修剪等生长关键时期,都要邀请江苏农科院、浙江农科院等科研院所的专家们对农户进行培训和实地指导。金市村与北奋、东径村为主的4 000亩水蜜桃种植区已经成为通安万亩现代农业示范区6大种植区域之一。金市村除了水蜜桃种植以外还有梨、葡萄等,绿化覆盖率36%。在没有关停污染企业之前,2007年全村收入达60万元以上,到2010年全村收入达到108万元,全村农民人均收入达13 800元。同时,村里环境也大大改善,少了烟尘和污水。预计果树种植产生效益后,每年还会递增20%的收入,最高产时年收入可增加 130 万元以上。

五、我国主体功能区规划和生态红线划定情况

1. 我国主体功能区规划制定情况

主体功能区即各地区所具有的、代表该地区主要核心功能的区域概念。各个地区因为核心(主体)功能的不同,相互分工协作,共同富裕、共同发展。核心(主体)功能是自身资源环境条件、社会经济基础所决定的,也是更高层级的区域所赋予的。主体功能不同,区域类型就会有差异。大致可分为以提供工业品和服务产品为主体功能的城市化地区,以提供农产品为主体功能的农业地区,以提供生态产品为主体功能的生态地区等。

在 2011 年的国家领导小组制定政府规划外,各省(区、市)人民政府被要求组建本地区主体功能区规划编制工作领导小组落实地区性规划。目前,中国 24 个省、自治区出台了省级范围内的主体功能区规划;我国的直辖市、副省级城市及沿海开发城市,有 10 个出台了市级范围内的主体功能区规划(表 4)。

表 4 我国主体功能区规划制定情况

级别	省、市、自治区	规划出台时间
国家级	—	2010-12-21
省级	浙江省	2013-10-21
	安徽省	2013-12-04
	福建省	2013-01-15
	江西省	2013-02-26
	山东省	2013-03-20
	河南省	2014-03-24
	湖北省	2013-03-11
	湖南省	2012-11-21
	广东省	2012-09-14
	海南省	2013-12-28
	山西省	2014-03-17
	青海省	2014-03-31
	江苏省	2014-03-05
	吉林省	2013-05-14
	河北省	2013-05-28
	贵州省	2013-05-27
	四川省	2013-04-16
	陕西省	2013-03-13
	甘肃省	2012-07
	黑龙江省	2012-04-25

续表

级　别	省、市、自治区	规划出台时间
省级	广西壮族自治区	2013-04-27
	新疆维吾尔自治区	2013-06-20
	内蒙古自治区	2012-08-09
市级	北京市	2012-09-18
	天津市	2012-09-28
	上海市	2013-01-22
	重庆市	2011-6
	沈阳市	2011-07-25
	深圳市	2004-09-24
	成都市	2010-02-02
	广州市	2012-11-07
	温州市	2012-11-27
	湛江市	2012-02-24

2. 我国生态红线划定情况

生态红线是指对维护国家和区域生态安全及经济社会可持续发展有重要战略意义，必须实行严格管理和维护的国土空间边界线。合理划定生态红线区域，构建与优化国土生态安全格局，对于有效加强生态环境保护与监管、保障生态安全、促进经济社会的协调可持续发展具有极为重要的历史意义和现实意义。

党的十八大报告指出，要优化国土空间开发格局，促进生产空间集约高效、生活空间宜居适度、生态空间山清水秀，构建科学合理的生态安全格局。党的十八届三中全会明确提出要划定生态保护红线，将其作为加快生态文明制度建设的重要内容之一。

目前，中国有4个省（直辖市）划定了省级范围内的生态保护红线，有3个副省级城市及沿海开发城市划定了市级范围内的生态红线（表5）。

表5　我国生态红线的划定情况

级　别	省、市名称	出台时间	名　称
国家级	—	2014-01-28	《国家生态保护红线——生态功能基线划定技术指南（试行）》
省级	山东省	2013-11-27	《山东省渤海海洋生态红线区划定方案》
	江苏省	2013-08-30	《江苏省生态红线区域保护规划》
	河北省	2014-02-28	《河北省海洋生态红线》
	天津	2014-01-23	《天津市生态用地保护红线划定方案》
市级	南京	2014-04-16	《南京市生态红线区域保护规划》
	南通	2014-01-08	《南通市生态红线区域保护规划》
	秦皇岛	2012-11-28	《秦皇岛海洋生态红线划定报告（草案）》

六、我国生态补偿存在的主要问题

1. 对实施生态补偿的重要性认识不足

近30年来,尽管我国已开展了许多针对生态补偿的探索性尝试,取得了一些成绩,但总体来说目前生态补偿实践尚处于初级阶段,仍存在明显不足。各级地方政府和相关利益主体对生态补偿的重要性普遍认识不足,许多地方的生态补偿实践带有一定的盲目性,如有些地方政府仅是想办法以"生态补偿"的名义筹集资金增加财政收入,而不是用在真正意义上的生态补偿工作上。对生态补偿的宣传力度不足,公众对生态补偿的认识不很全面,尽管他们切身感受到了周围环境的改善,但公众的共同参与意识比较薄弱,对生态补偿相关政策的认识和理解不足。由于生态补偿地区人们的文化水平整体不高,媒体对生态补偿的宣传手段单一。

2. 缺少生态补偿专项法律法规

目前,涉及生态补偿内容的相关政策主要有生态环境补偿费政策、生态公益林补偿金政策、天然林保护工程政策、"退耕还林(草)"政策、"退牧还草"政策、矿产资源税及矿产资源补偿费、水资源费政策、生态移民政策、矿产资源开发的有关补偿政策、耕地占用的有关补偿政策、三江源保护工程、流域治理与水土保持政策、扶贫政策等项,但没有一项是真正以生态补偿为目的而设计的。在"退耕还林"、"退牧还草"、天然林保护等政策实施过程中,由于大多是以项目、工程或计划的方式组织实施的,因而也都有明确的时限,从而导致政策延续性不强,给具体实施带来较大变数和风险,同时,地方有关生态补偿的实践完全是自主行为,没有法律和政策依据,只能是局部或就某些问题开展试验示范,全面推动非常困难。因此,从我国目前生态补偿实践遇到的问题与困难来看,急需逐步建立健全生态补偿立法,建立一套专门的生态补偿政策。

3. 没有建立市场补偿机制

由于所有制结构以及市场经济体制建设不完善等原因,中国生态补偿机制的理论研究中较少讨论市场机制的作用以及如何发挥市场机制的作用。这种理论上的缺失导致在实践中大多数生态补偿项目都单一地依靠来自政府的项目投入。与中国目前的生态资源形式相比,虽然中国政府对生态补偿投入的资金不断增加,年度相关支出甚至已经超过300亿元,但是仍然不能弥补巨大的资金缺口,而这个缺口还有不断扩大的趋势。

由于生态补偿资金主要依靠政府,来源渠道单一,而政府投资又多以生态环境保护和治理项目或工程的方式出现,因此,这些项目和工程一旦达到目标,就必然以某种形式完结,这样就造成了生态补偿工作受限于这些生态补偿工程或项目期限的状况。不仅如此,由于这些工程和项目期限的限制,很多项目和工程在实施过程中难以避免地出现短期行为,而这些短期行为又因为项目或工程的期限约束难以有效地得到监督和制约,最终导致这些项目和工程难以提高效率,同时又伴生了大量的浪费行为。

4. 生态补偿标准过低

在现行生态补偿实践案例中,补偿标准过低是一个在现行生态补偿实践案例中普遍存在的问题,而如何确定补偿标准目前仍是国内外学者讨论的焦点。关于补偿标准的问题,由于各地自然条件、社会经济状况、人文背景及生活习惯等千差万别,要准确确定某个具体地区的补偿标准是相当困难的,目前的补偿标准及补偿年限是否科学和合理,仍需经过实践检验。由于生态补偿标准的确定涉及内容很多且复杂,补偿范围和补偿对象有待进一步明确,实践中应继续加强针对不同区域、不同层次、不同时期、不同对象的补偿标准算法研究,以期体现生态补偿的真正目的。

5. 生态保护者和生态受益者的权责落实不到位

一是对生态保护者合理补偿不到位。重点生态区的人民群众为保护生态环境做出很大贡献,但由于多种原因,还存在着保护成本较高、补偿偏低的现象。除了标准偏低和有的地方未及时足额拨付补偿资金外,一些地方还没有把生态区域、生态保护者的底数摸清楚,不能有效实施生态补偿完全覆盖,也是影响保护者积极性的原因之一。二是生态保护者的责任不到位。补偿资金与保护责任挂钩不紧密,尽管投入了补偿资金,但有的地方仍然存在生态保护效果不佳的状况,甚至在个别地方还存在着一边享受生态补偿、一边破坏生态的现象。三是生态受益者履行补偿义务的意识不强。生态产品作为公共产品,生态受益者普遍存在着免费消费心理,缺乏补偿意识,需要加强宣传和引导。四是开发者生态保护义务履行不到位,如还有部分矿产资源开发企业没有缴纳矿山环境恢复治理保证金。

第三章
青岛市生态功能保护区现状

生态功能保护区是指在涵养水源、保持水土、调蓄洪水、防风固沙、维系生物多样性等方面具有重要作用的生态功能区内,有选择地划定一定面积予以重点保护和限制开发建设的区域。建设生态功能保护区,保护区域重要生态功能,对于保持流域和区域生态平衡,防止和减轻自然灾害,保障国家和地区生态安全具有重要意义。《全国生态环境保护纲要》《国民经济和社会发展第十一个五年规划纲要》《国务院关于落实科学发展观加强环境保护的决定》《全国生态功能区划》等都对重点生态功能保护区建设提出了具体要求,《国务院关于编制全国主体功能区规划的意见》对编制全国主体功能区规划提出了具体实施意见,原国家环保总局印发的《国家重点生态功能保护区规划纲要》明确了我国重点生态功能保护区建设的主要目标和任务。

山东省非常重视生态环境保护和建设工作。2003年12月26日由省政府印发的《山东生态省建设规划纲要》指出,按照区域生态特点及主导生态功能将全省划分为不同的生态功能区,采取保护、恢复和治理等措施,维持和恢复各生态功能区的生态服务功能。《山东省环境保护"十一五"规划》明确提出:"建立一批自然保护区、重要生态功能区、生态示范区和森林公园、地质公园、风景名胜区,在重要湿地、主要河流源头、水源地、防风固沙区等区域建立生态功能保护区,重点建立完善济南南部山区、南四湖和东平湖湿地、黄河三角洲生态功能保护区"。根据国家和山东省的文件要求,结合青岛市实际情况,选取基本农田、饮用水水源地集水区、生态公益林、海岸带四个重点领域,对青岛市生态功能保护区现状进行调查研究,为青岛市生态补偿建设做好基础研究。

第一节 青岛市各生态功能保护区概况

一、青岛市饮用水水源地、集水区现状及存在的问题

1. 青岛市饮用水水源地集水区概况

(1)青岛市的主要饮用水水源地

青岛市重点水源地水库24座,分布在崂山区、城阳区、黄岛区、即墨市、胶州市、平度

市、莱西市七区市。青岛市重点水源地村情况具体见表1。

目前,青岛市共划定67处饮用水水源地,其中地表水(水库、河流)饮用水水源地60处、地下水饮用水水源地7处。重点水源地水库24座,分布在崂山区、城阳区、黄岛区、即墨市、胶州市、平度市、莱西市七区市,其中9个库容较大的水库是青岛市主要的饮用水水源地(具体情况详见表1、表2)。

表1 青岛市重点水源地村概况

序号	水库名称	所在区市	水库所邻(在)镇、村情况		村数量
			镇	村	
合计	24	7	37		306
1	产芝水库	莱西市	水集街道办事处	产芝、寨庄、战家、南七格庄、北七格庄、大疃、圈子、敬格庄	8
			河头店镇	大淳于、小淳于、东钟芝、西钟芝、小店东、大店东南岚、北岚、东岚桑、南埠后	10
			马连庄镇	鲁格庄、岚桑	2
			夏格庄镇		
			沽河镇		
			望城镇		
			日庄镇	后山珍、前山珍、后郭格庄、西郭格庄、郭格庄、后李、鱼池、青峰岭、沟东、沟西、南埠、车格庄、河北疃、刘家都、王家都、鲍格庄、付家庄、十甲疃、芽儿场、河头、大埠阴、小埠阴	22
2	高格庄水库	莱西市	河头店镇	高格庄村、山前村、泥湾头村、河头店村、小里庄村、东大里村、西大里村、东野潴泊村、西野潴泊村、肖官庄村、桑行village、何家屯	12
3	北墅水库	莱西市	南墅镇	北墅村、于格庄、小吴家、邢家、榛子沟、河里吴家、小埠庄、皮家园村、石庙村、山里吴家村、袁家村、西馆孙家村、荆家	13
4	书院水库	城阳区	惜福镇	书院村、棉花村	2
5	崂山水库	城阳区	夏庄镇	莲台村、周家庄、马尾股、南坡村、东流水、张家沙沟村	6
		城阳区	惜福镇		
		崂山区	北宅街道		
6	双山水库	平度市	店子镇	北盛、南盛、棘子疃、李家寨、下涧、塔山陈家、黄格庄	7
7	黄山水库	平度市	东阁街道办事处	北陶家村、卢家村、古村、西李家村、小李家村、东李家村	6
8	双庙水库	平度市	李园街道办事处	双庙村	1
			凤台街道办事处	北台村、公沙村	2

续表

序号	水库名称	所在区市	水库所邻(在)镇、村情况		村数量
			镇	村	
9	尹府水库	平度市	东阁街道办事处	水石埠、东杨家庄、姜家屯、四十里堡、下袁家	5
			旧店镇	三甲、云山洼、新李、夏家庄、王福庄、邓家庄、殴戈庄、东庞家庄、六甲、酒馆、小马场、大马场、前庄头、徐里	14
			云山镇	尹府、北温、南温、官里一、官里二、邹上、王格庄、撞上	8
10	黄同水库	平度市	旧店镇	西庞家洼村、套子村、岙山后村、葛家沙沟村、张家沙沟村、陶家寨村、幸福庄村、南庙东村、东庙东村、杨家村、王汉庄村、水家河村、李家埠、北邢家村、北庞家洼村、大曲家埠、小曲家埠、九里夼村、东王埠后村、水磨涧村、北黄同村、南黄同村、李家庄村、沙埠村、小沽涧村	25
11	淄阳水库	平度市	大泽山镇	东岳石村、北昌村	2
12	大泽山水库	平度市	大泽山镇	尹家村、西崖村、旋口村、团石子村	4
13	王圈水库	即墨市	龙泉街道	后蒲渠店、前蒲渠店、张家庄、邹家蒲渠、李家蒲渠、台子、石门、后碾子头、北汪河水、岭上、果园、东河北、西河北、满贡一村、满贡二村、满贡三村	16
			温泉街道	东王圈、许家村、小王圈	3
			店集镇	西王圈、河阳庄、池戈庄	3
14	挪城水库	即墨市	南泉中心社区	东辛城、西辛城、挪城王村、挪城刘村、挪城范村、挪城宋村、北郝、南郝、小桥、马家屯、庆余屯、代家庄、范沟疃	13
15	石棚水库	即墨市	环秀街道	石棚子、林家土桥头、石泉、窑上、孙家官庄、张家土桥头、王家官庄、前南庄、后南庄、三里庄、国建、烟台前、东柞、西柞、西叫	15
16	宋化泉水库	即墨市	北安街道	宋化泉、瓜篓屯、双龙埠、龙堂埠、方戈庄、大北岭、李家岭、周集、周北、卢家庄、兰家庄、辛庄一村、辛庄二村、辛庄三村、前王宿庄、后王宿庄	16
17	吉利河水库	黄岛区	大村镇	洼里村、潘庄村、卫东村、屯地村、前王村、后王村、子罗村、和平村、团结村、向阳村、新建村、红旗村、胜利村、新小庄	14
18	陡崖子水库	黄岛区	藏南镇	东陡崖子村、河崖村、横河村、上丁家洼村、丁家皂户村、下丁家洼村、高戈庄、胡家庄、臧家庄、丁家松园、王家官庄、丁家官庄、于家官庄、西陡崖子村	14
19	孙家屯水库	黄岛区	藏南镇	小岭子村、孙家屯村、赵家沟村、后沟村、七亩地村	5

续表

序 号	水库名称	所在区市	水库所邻(在)镇、村情况		村数量
			镇	村	
20	小珠山水库	黄岛区	王台镇	插旗崖村、西韩家台	2
			灵珠山街道办事处	西阿陀村、刘家庄、东韩家台村、东阿陀村、大南庄村、柳西村、柳东村、柳北村、小南庄村、北庄村	10
21	铁山水库	黄岛区	铁山街道办事处	河南村、大于家村、小于家村、宋家店子村、东方红村、后石沟村、新河村、前吉利村、后吉利村、大下庄村、韩家庄、张仓村、前石沟村	13
22	青年水库	胶州市	洋河镇、张应镇	南官庄、尧洼、房家、神山西村、石沟、仲家庄、神山前屯、石门子、姜家庄、马家庄、前芦、西官庄、后芦村	13
23	山洲水库	胶州市	三里河办事处	刘家村	1
			九龙办事处	徐家村、姜家村、小景要、匙家庄、大户村	5
24	棘洪滩水库	城阳区	棘洪滩街道办事处	段家庄、毛家庄、魏家庄、中华埠村、小胡埠村、赵家堰村、毛家屋子、三家屋子	8
		胶州市	李哥庄镇	马家庄、李家庄、姜家庄	3
		即墨市	蓝村镇	魏家屋子、姜家屋子村、周家屋子、辛家屋子村	4
25	其他重点移民村	莱西市	姜山镇		
		胶州市	铺集镇		

表2 青岛市重要水源地概况

水源地名称	概 况
崂山水库	在小凤口山和张普山之间筑坝,腰截白沙河,大坝长672 m,高26 m,库内最大水深为24.5 m,水库东西长约5 km,平均宽约1 km,汇水面积为5 km²,流域面积99.6 km²,库容量5601×10^4 m³。水库工程于1958年9月动工修建,1959年7月完成。水库水质优良,日供水量7.5×10^4 m³。原设计灌溉面积1万亩,1977年后因水源紧张停灌,库水专供市区生活用水。
棘洪滩水库	棘洪滩水库(120°13′E,36°21′N)是引黄济青工程的唯一调蓄水库,位于胶州市、即墨市和城阳区交界处,库区面积达14.422 km²,围坝长14.277 km,设计水位14.2 m,总库容1.46×10^8 m³,建设资金1.4亿元。棘洪滩水库的日供水量在20×10^4 m³左右。
小珠山水库	位于薛家庄乡插旗崖村南,错水河上游。流域面积34 km²,设计总库容3085×10^4 m³。1959年11月开工建设,次年6月竣工,总投资173万元。主坝长517 m,坝顶高程60.35 m,宽6 m;廊道衬管式放水洞、钢板闸,设计流量3.14 m³/s。经1985年审定,现有总库容3111×10^4 m³,防洪库容990×10^4 m³,兴利库容2044×10^4 m³;最大泄量292 m³/s;防洪最高水位55.48 m。有发电站、水库管理所各1处,有效灌溉面积2.76万亩。
书院水库	位于崂山惜福镇书院村西的墨水河上游支流葛家河上,水库总库容1368×10^4 m³,兴利库容1080×10^4 m³,控制流域面积11 km²,设计灌溉面积1.65万亩,有效灌溉面积1.5万亩。水库大坝是黏土心墙砂壳坝,坝长352 m,最大坝高42 m,溢洪道最大泄量525 m³/s,放水洞设计流量3 m³/s。防洪能力只能达到维护10年一遇洪水削减洪峰54%。

续表

水源地名称	概 况
吉利河水库	位于原胶南市理务关镇,位于吉利河上游,理务关乡洼里村北。流域面积 10^3 km²。1970 年 11 月开工,次年 8 月竣工。总投资 300 万元,完成土石、混凝土 119×10^4 m³。水库主坝为黏土心墙沙壳坝,长 666 m,高 20.9 m,副坝为黏土心墙,高 8.4 m,长 420 m,顶宽 7 m,坝顶高程 51.70 m。经 1985 年审定,总库容 $7\,400 \times 10^4$ m³,兴利库容 $3\,248 \times 10^4$ m³,最大防洪水位 51.06 m,溢洪道上有溢洪闸 7 孔,最大泄量 $1\,077$ m³/s。有养鱼水面 5 300 亩,年养鱼 80 万尾左右。有效灌溉面积为 4.5 万亩。有水库管理所、发电站各 1 处。
产芝水库	产芝水库地处莱西韶存庄,大沽河干流的中上游,距莱西市区 10 km,兴建于 1958 年,是胶东半岛第一大水库。集水面积 879 km²,水库面积 100 km²,平均水深 4.45 m,最大水深 13 m,最大库容 4.02×10^8 m³。大坝类型为均质土坝,灌溉面积可达 21.57 km²。产芝水库是一座集防洪、灌溉、供水、养殖和旅游于一体的国家级综合性大二型水库。水库还建有总干渠及分干渠 15 条,长 148.5 km,支渠 83 条,长 240.9 km。包括东干渠、西干渠、江家庄、辇止头四个灌区,可灌面积达 30 万亩,并辟有为青岛及莱西市提供工业、生活用水的渠道多条,每年可供水 $5\,000 \times 10^4$ m³。
铁山水库	位于原胶南市铁山乡前石沟村后,风河支流张含河上游。水库总库容 $5\,183 \times 10^4$ m³,兴利库容 $2\,642 \times 10^4$ m³,控制流域面积 58 km²。设计灌溉面积 5.36 万亩,有效灌溉面积 1.50 万亩,年均发电量 9.76×10^4 kW·h。大坝是黏土心墙砂壳坝,长 650 m,最大坝高 28 m;溢洪道为无控开敞式,最大泄量 441 m³/s。输水洞为无控开敞式,设计流量 5 m³/s。防洪能力实际达到 300 年一遇。
陡崖子水库	胶南第二大水库,位于胶南藏南乡东陡崖子村北横河上游。水库总库容 $5\,640 \times 10^4$ m³,兴利库容 $3\,435 \times 10^4$ m³,控制流域面积 71 km²。设计灌溉面积 6.6 万亩,有效灌溉面积 3.17 万亩,年均发电量 4.2×10^4 kW·h。大坝是黏土心墙砂壳坝,长 780 m,最大坝高 20 m;副坝为均质坝,长 150 m,坝高 4.3 m。溢洪道为无控开敞式,最大泄量 834 m³/s。放水洞为廊道式钢筋混凝土压力放水洞,洞径 1.5 m,设计流量 15.9 m³/s。防洪能力可达千年一遇洪水削减洪峰 64.3%。
尹府水库	位于平度市云山乡北王戈庄村西北,大沽河水系小沽河支流猪洞河中游。水库总库容 $16\,100 \times 10^4$ m³,兴利库容 $7\,400 \times 10^4$ m³,控制流域面积 178 km²。设计灌溉面积 13.50 万亩,有效灌溉面积 2.50 万亩。大坝是黏土心墙砂壳坝,长 839 m,最大坝高 20.20 m;溢洪闸 2 孔,最大泄量 885 m³/s,非常溢洪道为自溃坝开敞式,最大泄量 $1\,225$ m³/s。

(2)青岛市主要饮用水水源地集水区

集水区是指河流、湖泊等水体一定地点以上天然排水所汇集的地区,而水源地集水区系指引水口以上流域边界内所涵盖的地区,即其流域面积。在我国,水源地集水区往往是社会经济亟待发展的区域,一般集水区有两种发展模式:第一种是先污染后治理模式(即常规发展模式),这种模式虽然在一段时间内区域经济得到了一定发展,却是以牺牲全流域的生态环境为代价的;第二种是限制发展,即集水区服从于上级政府或流域机构的总体规划,增大生态保护方面的经济和非经济投入,保持优良的生态与环境,但是由于投入区与收益区不一致,上游的投入无法得到相应回报,最终导致上游投入区与下游收益区经济收入差异增大,上游地区由于经济实力薄弱而使生态保护难以为继。可见,两种方式均不利于全流域的健康发展。

因此,集水区的发展应该是可持续发展模式,即通过生态补偿机制,用水户对集水区给予补偿,以保证集水区生态环境、社会和经济的可持续发展,最终达到整个流域的和谐发展。

目前,青岛市有9处主要的集中式饮用水水源地,水库的库容、库区水面面积及集水区面积如下(表3)。9处主要的集中式饮用水水源地水库的总库容为 99 203 × 10^4 m³、兴利库容为 57 187 × 10^4 m³,除引黄济青的棘红滩水库外其他8座集中式饮用水水源地水库的集水区总面积为 1 433.6 km²,其中崂山水库的库区水面面积为 5 km²、棘红滩水库的库区水面面积为 514.422 km²。

表3 青岛市主要饮用水水源地水库的库容及集水区面积

水源地名称	水库位置	集水河流	水库库容(× 10^4 m³)		集水区面积(km²)
			总库容	兴利库容	
崂山水库	城阳区	白沙河	5 601	4 798	99.6
棘洪滩水库	胶州、即墨、城阳	黄河引水	14 600	11 000	—
小珠山水库	原胶南市	岛耳河	3 111	2 044	34
书院水库	城阳区	墨水河支流	1 368	1 080	11
吉利河水库	原胶南市	吉利河	7 400	3 248	103
产芝水库	莱西市	大沽河	40 200	21 540	879
铁山水库	原胶南市	风河支流张仓河	5 183	2 642	58
陡崖子水库	原胶南市	横河	5 640	3 435	71
尹府水库	平度市	猪洞河	16 100	7 400	178
合 计			99 203	57 187	1 433.6

(3)青岛市主要饮用水水源地的供水量及水质

2013年,除尹府水库外,其余8处主要集中式饮用水源地水库共向青岛市区供水 28 071 × 10^4 吨,与2012年相比集中式饮用水源地增加了铁山水库、陡崖子水库2座水库,供水量增加 2 149 × 10^4 吨。

截止到2014年3月份,市环保局监测显示,向青岛市区供水集中式饮用水水源地水质状况连续6年良好。近期,青岛市环保局对向市区供水的崂山水库、棘洪滩水库、小珠山水库、书院水库、吉利河水库、大沽河水源地、铁山水库、陡崖子水库8处集中式水源地实施了109项全项目分析,其中包括29项常规项目、80项特定项目。常规项目评价显示,8处集中式饮用水水源地水质状况良好,类别均符合《地表水环境质量标准》Ⅲ类标准,所有水源地特定项目监测值均未检出或远低于评价标准,其中,铁山水库和陡崖子水库首次纳入到向市区供水水源地,其他各水源地特定项目连续6年保持稳定。

2. 青岛市饮用水源地集水区生态保护存在的问题

(1)保护机制不健全、保护责任不明确

保护机制不健全、保护责任不明确导致水源地整治后的管理跟不上,水源地保护的长效管理机制仍未形成。比如农村饮水工程运行管理由水利局负责,而水源地保护由建设与环境保护局负责,造成工程运行管理与水源地保护衔接不力,对工程的运行管理和水源地保护还未形成强有力的监管体系。

（2）水源地周边环境有待进一步改善

从2010年1月到2011年12月，24个月的时间里，青岛市多处水源地涉及总氮超标。特别是崂山水库上游比较复杂，有村庄，又有餐饮，再加上有些地区的旅游业务，生活、农业污染物对水质的影响较大。近年来，青岛市相关部门采取了不少措施加大对水源地的保护。崂山区政府也高度重视对崂山水库水源地的保护，2009～2010年实施了崂山水库上游污水治理工程，全部收集处理水库上游38个村庄及部分农家宴排放的污水。根据对崂山水库周边农家宴业户的经营证照、化粪池使用状况等摸底的情况，进一步完善崂山水库水源地周边综合整治方案，组织开展联合执法督查。同时，对部分农家宴私搭乱建的违章建筑，施重拳坚决拆除，对现状可以保留的农家宴要配齐化粪池等排污设施，确保农家宴污水集中收集。各相关部门和单位做了一些工作，但水库周边污水管网缺失，污水收集储运设施不完善，农家宴排污监管存在漏洞，崂山水库水源地保护依旧任重道远。

（3）经济发展与水源地保护的矛盾突出

随着城镇发展和人民生活水平的提高，部分水源地取水规模远不能满足当地城镇发展的用水要求，供水量存在较大缺口。同时，由于城镇发展时当地有关部门之间信息沟通不畅，且水源地保护区范围的划分不够明确，导致饮用水源保护区周边土地利用情况不明，土地开发存在问题等，使水源地保护距离得不到保障，因此，导致经济发展与水源地保护的矛盾日益突出。

二、青岛市生态公益林现状及存在问题

1. 青岛市生态公益林概况

公益林是指为维护和改善生态环境，保持生态平衡，保护生物多样性等满足人类社会的生态、社会需求和可持续发展为主体功能，主要提供公益性、社会性产品或服务的森林、林木、林地。其建设、保护和管理由各级人民政府投入为主。按事权等级划分为国家生态公益林和地方生态公益林（其中包括省级、市级和县级）。

截至2012年年底，青岛全市林业用地面积33.57万公顷，森林覆盖率38.6%，活立木蓄积量915万立方米。森林面积中，防护林13.96万公顷，经济林9.84万公顷，用材林6.45万公顷。其中青岛市各市、区生态公益林基本情况见表4。

表4 青岛市各市、区生态公益林基本情况

区 市	生态公益林面积（亩）			林木蓄积量（m³）
	小 计	国家级	市 级	
合 计	1 927 695.8	840 729	1 086 966.8	9 484 035
崂山区	294 959	282 459	12 500	1 530 000
城阳区	175 363	76 405.2	98 957.8	304 365
黄岛区	518 722.3	260 084.8	258 637.5	3 867 500
胶州市	169 826.5	24 178	145 648.5	629 700

续表

区　市	生态公益林面积(亩)			林木蓄积量(m³)
	小　计	国家级	市　级	
即墨市	306 782	122 469	184 313	722 246
平度市	313 299		313 299	1 550 064
莱西市	148 744	75 133	73 611	880 160

2. 青岛市生态公益林保护存在的问题

(1) 对生态公益林的保护与管理缺乏法律保障

由于相关法律条文中对生态公益的调整对象涵盖范围不周全,因此,生态公益林的法律概念在现行法律法规中不明确、不统一,这直接导致某些生态公益林或其功能不能得到国家法律的有效保护。在现行的相关法律法规中,对生态公益林管理缺乏法律依据。我国虽然有《森林法》和一系列相关政策,但是相关的法律法规体系还不完善。生态公益林的生态功能具有外部性特征,尽管目前《森林法》规定将森林划分为防护林、用材林、经济林、薪炭林和特种用材林五大类,但并没有有效地建立起相应的保护措施和必要的制度保障。在森林经营、采伐管理制度和方法上将生态公益林和其他类型森林混淆。

(2) 未实现对生态公益林的统一管理

生态公益林的管理者及其管理权限没有明确,在对生态公益林进行管理时,相关管理部门缺乏有效的协调,在管理范围、权利、适用上出现相互交叉甚至冲突,致使生态公益林得不到有效的保护。

(3) 生态公益林划定过多影响了农民收入和区域经济发展

公益林和商品林区划比例的多少会直接影响到集体和农户的收入来源,甚至当地的经济发展。通过集体林权改革、分山到户后,一方面,农户们出于经济利益的考虑,投资栽培见效快、效益高的树种,而生长缓慢、无经济效益但有生态效益的树木却无人栽培。另一方面,对生态公益林的采伐有严格限制,农民精心管理公益林,但没有对林木的处置权或被严格限制,这与《森林法》所体现的"谁造谁有"的法理精神很不相适应,极大地伤害了经营者的生产积极性。

三、青岛市海岸带及湿地现状及存在的主要问题

1. 青岛市海岸带及湿地资源及生态环境概况

(1) 海岸带自然地理概况

海湾与近岸海域。青岛市海岸线长而曲折,大陆海岸线北起丁字湾南阡乡金口村东小河口(36°36′17″ N,120°46′03″ E),南至原胶南市红石崖镇张戈庄村(黄家塘湾),青岛市的大陆海岸线和岛屿海岸线总长度为862.64 km,其中大陆海岸线长730.64 km。由于海岸线长而曲折,岛屿环绕,海岸线岬角间形成了形态多样、特点不同的海湾,沿海共有胶州湾、丁字湾、沙子口湾等49个海湾,总面积为1 369.53 km²,全市近岸海域面积为1.22×10^4 km²。

滩涂。青岛市滩涂总面积约375.35 km²,包括砾石滩涂、砂质滩涂和泥质滩涂,其中泥质滩涂的面积最大。目前,青岛市泥质滩涂开发利用已达270 km²,主要为海水养殖池和盐田,另有8处砂质海滩已开发作为海水浴场。青岛市的滩涂养殖主要存在两方面问题:一是沿岸城市工业用水、生活污水的排入及养殖自身污染,导致水体富营养化;二是人为作用使生态系统某一部分被强化,而其他部分被削弱甚至摈弃,造成局部生态失衡。

滨海湿地。湿地是指天然或人工、永久或暂时的沼泽地、泥炭地及水域地带,带有静止或流动的淡水、半咸水及咸水水体,包含低潮时水深不超过6 m的海域。湿地覆盖地球表面仅有6%,却为地球上20%的已知物种提供了生存环境,具有不可替代的生态功能,湿地具有保持水源、净化水质、蓄洪防旱、调节气候和维护生物多样性等重要生态功能,因此被誉为"地球之肾"。健康的湿地生态系统,对于维护生态平衡,改善生态状况,实现人与自然和谐,促进经济社会可持续发展,具有十分重要的意义。青岛湿地资源丰富,总面积为1 776 km²,约占青岛市土地总面积的16.7%,是沿海地区湿地资源比较丰富的区域。单块面积10公顷以上的湿地131块,合计面积1 069.68 km²,占青岛市国土面积的10.04%。青岛的湿地可以分为浅海水域湿地、潮间海滩湿地、河口海湾、河流湿地、湖泊以及沼泽湿地等6类。青岛市的滨海湿地主要分布在胶州湾西北部、大沽河河口沿岸及红岛东部海岸,胶州湾和大沽河湿地列入了国家重要湿地保护名录,胶南灵山岛自然保护区、胶州湾湿地自然保护区、大公岛自然保护区和青岛文昌鱼自然保护区被列入了山东省重点调查湿地名录,属于湿地保护区中的VIP,其中胶州湾湿地是山东半岛最大的海湾河口湿地。2011年12月,胶州的少海湿地公园成为青岛市首个国家级湿地公园。少海湿地公园占地面积6.12 km²,其中湿地面积5.14 km²。2013年12月,位于西海岸的唐岛湾湿地公园被国家林业局批准成为青岛市第二处国家级湿地公园。唐岛湾湿地公园包括唐岛湾内湾浅海水域、滩涂及其周边50～100米缓冲区域,规划面积16.38 km²,其中湿地面积13.13 km²,占湿地公园总面积的80.2%,包括近海和海岸湿地、人工湿地两大类。其中,近海与海岸湿地面积超过12 km²,约占湿地总面积的97%,人工湿地面积40余公顷,占湿地总面积的3%左右。2013年7月,国家林业局批准了青岛市胶州湾(胶州段)湿地保护与恢复工程,工程总面积约为110 km²,该工程的实施将会对胶州湾湿地保护和生物多样性的恢复具有深刻的影响。

海岛。青岛市近海海域有黄岛、灵山岛等69个海岛,69个海岛的岸线长132 km、总面积为21.2 km²。69个海岛中有小青岛、小麦岛、团岛、团岛鼻岛、水岛、驴岛、牛岛、吉岛等10个海岛已成为人工陆连岛,10个海岛有固定居民,51个海岛无人居住,另外8个海岛有临时居住的居民,主要为看守养殖区的人员。10个人工陆连的海岛开发利用程度较高,有固定或临时居民的海岛也有一定程度的开发利用,主要为海水养殖业和其他农业。青岛市近海海域的海岛全部为基岩岛,海岛四周岛礁发育,适宜海参、扇贝和盘鲍生长,多数海岛有海珍品增养殖。目前,小青岛、田横岛、灵山岛、斋堂岛、竹岔岛等多个海岛已被辟为海上旅游区,但这些岛屿中除小青岛外,大部分海岛淡水严重不足、电力资源匮乏、交通不便,这是制约海岛旅游开发的瓶颈。同时,据新近青岛市人大常委会通过的《青岛生态市建设规划》精神,青岛市海岛开发适当减缓,重在生态保护。

(2) 海岸带生态环境

海湾。青岛市各海湾海水环境和沉积物环境基本满足湾内主要海洋功能区环境保护目标要求。2013年,青岛市对胶州湾、丁字湾、鳌山湾、浮山湾、太平湾、青岛湾、唐岛湾和灵山湾8个典型海湾的环境质量状况进行了监测。结果显示:各海湾环境质量总体良好,海水和沉积物质量基本满足湾内主要海洋功能区环境保护目标要求。海水环境主要污染物为无机氮、活性磷酸盐和石油类,部分海湾也出现铅、汞等重金属指标超第一类海水水质标准的现象。沉积物质量良好,仅胶州湾和唐岛湾内个别站位沉积物石油类含量超第一类海洋沉积物质量标准。

近岸海域。2013年,青岛市近岸海域海水环境质量总体良好,绝大部分海域符合第一类或第二类海水水质标准,冬季、春季、夏季、秋季第一类和第二类水质海域面积分别占青岛市近岸海域面积的97.8%、97.4%、96.5%和97.4%,超第二类海水水质标准的海域主要分布在胶州湾和丁字湾及附近海域,主要污染物为无机氮、活性磷酸盐和石油类。胶州湾北部和东北部海域氮、磷污染状况相对较重,0.1%~0.2%的海域面积为劣四类水质;丁字湾及附近海域海水受到一定程度氮、磷和石油类污染,主要为第三类或第四类水质。与2012年相比,青岛市近岸海域第一、二类水质海域面积有所减少,污染较重的第四类和劣四类水质海域面积基本持平,第三类水质海域面积相对增加。近岸海水环境氮、磷污染状况仍然较重。

滩涂。青岛市滩涂主要面临面积萎缩、污染和生物多样性水平下降等问题。围垦导致青岛市滩涂面积不断萎缩的最重要因素之一。近60年来胶州湾经历了20世纪50年代的盐田建设、70年代前后的填湾造陆和80年代以来的围建养殖池塘、建设港口、公路和工厂等几波填海高潮,其总面积、滩涂面积明显减小。1935~1980年胶州湾总面积由559 km² 减小到400 km²,到1992年又减至388 km²,其中1935~1980年潮间带滩涂湿地的面积由285 km² 减小到142 km²,1986年降至96 km²,到1992年更降至85 km²,已经不足1935年面积的1/3,到2010年潮间带滩涂湿地面积仅为59 km²。潮间带滩涂湿地面积减小导致胶州湾纳潮量减小,1935~1980年胶州湾纳潮量由 12.667×10^8 m³ 减至 9.626×10^8 m³,减小了24.01%,1988年减至 9.42×10^8 m³,到2005年更是减至 9.02×10^8 m³。潮下带近海湿地面积减小主要是由填海和湾内泥沙淤泥造成的。胶州湾滨海湿地是青岛市环胶州湾陆源污染物的最终承泄区,由于沿岸城市和工业的发展、养殖池面积增大、农业生产集约化程度提高,通过河流或直接排入胶州湾的各类陆源污染物越来越多,其中排入胶州湾的工业废水中含污染物最多,其次是农业废水、海水养殖废水和大气沉降。大量废水排入胶州湾滨海湿地后,造成了湿地底质和水体污染,引起湿地植被退化和湿地景观格局变化、潮下带近海湿地海水富营养化程度和赤潮灾害加重。

滨海湿地。在自然和人为因素作用下,近几十年来青岛市滨海湿地发生了明显的退化。以胶州湾滨海湿地为例,1986~2010年胶州湾滨海湿地总面积减少,河流与河口湿地面积稍有增大,潮间带滩涂和潮上带湿地面积和斑块数减小;养殖池面积增大、斑块数增多,盐田面积减小、斑块数基本未变,增加了湿地公园这种新的人工湿地景观类型。期间,湿地的景观斑块密度指数、多样性指数和景观斑块破碎化指数增大了。上述湿地面积和景观格局变化是由围垦、城市化、港口和道路建设、河流径流量和输沙量减少、海岸侵蚀、海水入侵、全球变暖、海面上升等因素引起的,并导致湿地生物多样化水平下降、有害植物入侵、环境净化功能降低、污染和赤潮灾害加重、植被退化演替、渔业资源衰退和湿地生态系统服务价值降低等累积环境效应。

海岛。青岛市的海岛生态环境比较脆弱,海岛旅游资源开发、海水养殖、岛上居民的生产生活活动对海岛及周围海域生态环境产生了明显的不利影响,如岛上自然植被退化、沙滩侵蚀后退、周围海域海水富营养化、海岛及周围海域生物多样性水平下降等。

(3)湿地保护现状

对湿地生态系统的保护初见成效。由于湿地在维护青岛市地区生态安全中的地位非常重要,所以湿地保护受到很大重视。2004年市政府办公厅印发了《加强湿地保护管理的通知》,进一步明确了湿地保护的规划布局、重点任务和政策。同时,将湿地保护作为重点建设内容之一纳入了野生动植物保护、自然保护区建设、沿海防护林体系建设等一批相关专项规划。同年,青岛市林业局组建了湿地保护管理办公室,随后胶南、莱西、胶州等区、市林业主管部门相继成立了湿地保护管理的专门机构。目前,全市已经建立了两处湿地保护区,总面积22 492公顷,批建了大沽河上中游、胶州湾湿地(胶州段)国家重点湿地保护和恢复项目,这对全市湿地保护工作产生了明显的带动作用,促进了生态文明建设。

明确了湿地保护目标。根据《中国湿地保护行动计划》《全国湿地保护工程规划(2002～2030)》《全国湿地保护工程实施规划(2005～2010)》《山东省湿地保护工程规划》等规划确定的目标,结合青岛市初步完成的全市湿地资源调查,初步摸清了青岛市湿地资源现状,明确了湿地保护目标,编制了《青岛市湿地保护工程规划》。

通过保护与合理利用湿地资源,推进生态文明建设。不论是森林、海洋,还是湿地,健康的生态系统是人类生存和社会经济可持续发展的基本保障。湿地在提供清洁水、调节气候、维护生物多样性方面的重大作用得到了全社会的广泛认同,为不断推进湿地保护与合理利用的制度建设,国家正在推进湿地保护专门立法。青岛市也将争取地方立法完善,补充保护湿地的制度空缺,有关湿地保护恢复、调查监测、湿地公园建设的多项部门标准正在制定之中。保护并合理利用好湿地资源,正在逐渐成为生态文明建设的一项基础工作。

完成了第二次湿地资源调查。根据国家、省林业局统一部署,2012年青岛市正式启动全市第二次湿地资源调查工作,主要对全市8公顷以上(含8公顷)的近海和海岸湿地、湖泊湿地、沼泽湿地、人工湿地,以及宽度10 m以上、长度5 km以上的河流湿地,进行湿地类型、面积、分布、平均海拔、所属流域、水源补给状况、植被类型及面积、主要优势植物种、土地所有权、保护管理状况等方面的调查,特别是对湿地自然环境要素、湿地水环境要素、湿地野生动物、湿地植物群落和植被、湿地保护与管理等内容进行调查,并将建立湿地资源数据库。此次调查将对青岛市湿地资源进行全面、客观的分析评价,为湿地保护管理提供完整、及时、准确的基础资料和科学决策依据。目前,这项普查工作已经基本结束,调查结果尚未经过审批,审批程序结束后将正式公开。

(4) 青岛市海岸带资源开发及管理存在的主要问题

① 法律之间存在冲突

青岛市海洋行政管理部门管理海洋主要依据我国已经出台的《海域使用管理法》、青岛市配套出台的《青岛市海域使用管理暂行规定》以及《青岛市海域使用金征收管理暂行规定》《青岛市海域使用申请审批程序》《青岛市海域使用界定办法》等相关法律法规,这些法律法规对海域使用的申请与审批、海域使用权、海域使用金等都进行了相应的规定。但由于海域使用涉及多个领域,因而还受《土地管理法》《海洋环境保护法》《渔业法》《海上交通安全法》等法律的制约。尽管在《海域使用管理法》立法过程中,立法部门曾对海域使用法律制度与相关法律的协调问题进行过研究,并提出了一些解决方案,但实施效果并不十分理想,相关法律之间的冲突现象仍然存在。如青岛对于单位和个人使用海域和滩涂从事渔业生产和养殖的行为,一是需要根据《海域使用管理法》权属管理的规定,由县级以上地方政府海洋行政主管部门向单位和个人"颁发海域使用证,许可其使用海域、滩涂从事养殖生产";二是需要根据《渔业法》的行业管理规定,由县级以上地方政府渔业行政主管部门向单位和个人"核发养殖证,许可其使用海域、滩涂从事养殖生产"。有些养殖户使用海域和滩涂进行养殖生产,由渔业行政主管部门依法给其核发了养殖证,但是海洋行政主管部门根据海域使用可行性论证的结论,不能依法为其颁发海域使用证,因此,存在海域使用时相关法律之间存在矛盾的问题。

② 渔业发展面临严峻挑战

一是渔业基础设施薄弱,良种繁育和病害防治体系不完善,成果转化率低,制约着渔业的发展;渔业产业结构虽得到一定的调整,但在资源和市场开发上仍带有一定的盲目性,渔业水域环境污染严重,养殖病害未从根本上解决,影响渔业效益的提高。二是海水养殖布局不够合理,养殖密度过大,影响了海水自然流动交换,致使海域水质富营养化,使养殖生产受到严重损害。三是近海渔业资源衰退,远洋渔业发展较慢,过度的捕捞能力与渔业的可持续发展之间的矛盾突出,特别是中韩渔业协定的实施,将使青岛市传统渔场的捕捞业受到较大影响,渔民转产转业问题亟待妥善解决。四是水产养殖用海与港口航运等其他用途用海之间存在一定的矛盾,制约了养殖规模的扩大。

③ 对滨海湿地的保护存在一系列亟待解决的问题

一是保护力度不够,由于对湿地及其周边土地等自然资源的过度开发、重用轻养,导致青岛市很多湿地水源不足,季节分布不均,面积日趋减少,淤积严重,水质污染严重,水体自净能力差,湿地资源严重衰退。以胶州湾湿地为例,胶州湾的海湾面积在50年内缩小了33%,海湾的纳潮量小了40%。二是与滨海湿地保护相关的政策法规体系不完善,2013年3月28日,国家林业局令第32号公布《湿地保护管理规定》。该《规定》共

37条,自2013年5月1日起施行。《山东省湿地保护办法》已经2012年11月28日省政府第136次常务会议通过并公布,自2013年3月1日起施行。目前,青岛市还没有就湿地保护下发专门的湿地保护政策或管理规定,涉及湿地保护的一些宏观内容分散在经济、社会、生态等规划中,不成系统,难以发挥依法管理的作用。三是缺乏湿地管理协调机制,由于青岛市湿地保护管理、开发利用牵涉面广、部门多,至今尚未形成良好的协调机制。林业、水利、国土、环保、海洋、渔业等部门因在湿地保护、利用和管理方面的目标不同、利益不同,因此,各部门各自为政、各行其是,矛盾较为突出,影响了湿地的科学管理。四是监测体制不完善,各部门缺乏对资源和土地利用后的湿地生态变化、生物多样性变化的监测。环保、海洋等部门在湿地污染监测布点的数量、测定时间等方面都未能达到要求,而且不同部门在进行湿地生态环境监测时使用的监测方法、设备也存在差异,监测标准尚不统一。五是投入资金不足,目前青岛市财政还未设立湿地保护专项资金,资金严重不足是湿地保护与管理工作面临的主要问题。因此,青岛市在湿地调查、保护区及示范区建设、污水治理、湿地监测、湿地研究、执法手段与队伍建设等方面都缺乏专门的资金支持。

第二节 青岛市生态补偿相关政策制定与法规建设情况

生态补偿机制本身是一个复杂的综合的运行体系,需要多学科、多部门的相互配合,更需要其他政策的支持与保障。因此,在设计与完善青岛市生态补偿机制过程中,要特别重视其与经济、管理、法律和社会政策的内在关系,做好生态补偿机制与它们的结合,需构建完整的生态补偿保障制度体系。近年来,青岛市委市政府出台了一些生态补偿相关的文件与地方性法规(表5),推动了青岛市生态补偿的立法进程。

表5 近年来青岛市制定的与生态保护及补偿相关的文件及地方性法规

文件或地方性法规名称	简　介	领　域
关于建立健全青岛市生态补偿机制的意见	青政办字[2009]126号。	综合
青岛市基本农田保护管理办法	2004年5月27日青岛市人民代表大会常务委员会公告公布。	农业
青岛市河道采砂管理办法	青政办发[2014]6号,2014年3月1日实施。	水源地
青岛市河道采砂收费管理实施细则	1992年2月14日青岛市水利局、青岛市财政局、青岛市物价局 青水发[1992]7号发布。	水源地
青岛市水资源费征收使用管理办法	2005年10月25日青岛市人民政府第21次常务会议审议通过。2005年11月4日青岛市人民政府令第185号公布,自2006年1月1日起施行。	水源地
青岛市水功能区划	青政办发[2010]38号,2010年11月22日发布。	水源地

续表

文件或地方性法规名称	简介	领域
青岛市水土保持设施补偿费和水土流失防治费收取使用管理暂行办法	1995年6月30日青岛市人民政府令第38号发布，2004年9月29日青岛市人民政府令第171号修改。	水源地
青岛市取水许可制度实施办法	1991年9月20日青岛市人民政府令第18号发布，根据1998年8月24日青岛市人民政府《关于修改部分政府规章行政处罚等条款的决定》修订，2004年9月29日青岛市人民政府令第171号修改。	水源地
青岛市生活饮用水源环境保护条例	2002年8月22日青岛市第十二届人民代表大会常务委员会第三十六次会议通过。	水源地
青岛市生活饮用水地下水源保护区划	青政发〔2003〕44号。	水源地
青岛市生活饮用水地表水源保护区划	青政办发〔2004〕51号。	水源地
墨水河流域生态补偿暂行办法	青环发〔2011〕88号 2011年8月29日发布。	水源地
2013～2015年环胶州湾流域污染综合整治方案	青政办发〔2013〕4号 2013年3月18日发布。	水源地
青岛市生态公益林建设和保护办法	青岛市人民政府令第178号 2005-05-01实施。	公益林
青岛市森林生态效益补偿基金管理办法	青财农〔2008〕2号 2008年1月22日发布。	公益林
胶南市生态公益林区划界定工作实施方案	2006年12月22日发布。	公益林
青岛市森林资源流转管理规定	于2008年10月9日经市人民政府第四次常务会议审议通过，自2008年12月1日起施行。	公益林
青岛市人民政府关于加快林业发展的决定	2003年2月21日发布并实施，从九个方面提出了青岛市林业和生态建设的发展方向。	公益林
青岛市海洋环境保护规定	2010年3月31日山东省第十一届人民代表大会常务委员会第十六次会议通过。实施时间：2010-05-01。	海洋
青岛市海域使用管理条例	1999年1月22日市十二届人大常委会第七次会议通过。1999年08月22日实施。	海洋
青岛市海域使用金征收管理暂行规定	1998年1月12日青岛市政府批准，1998年1月15日青岛市财政局、市物价局、市海洋与水产局发布实施。	海洋

2009年9月，青岛市人民政府办公厅出台《关于建立健全青岛市生态补偿机制的意见》，提出以生态功能区划为依据，将生态补偿的重点放在支持饮用水源保护、生态公益林建设等主要生态功能区等领域。尽快启动大沽河流域和崂山水库等重点集中式饮用水源地的生态补偿工作，制定具体的重点集中式饮用水源地的生态补偿办法，明确补偿

对象、补偿方式、补偿标准及监督考核的内容,进一步提高重点集中式饮用水源地的保护水平。各区、市应根据本区域生态保护情况确定生态补偿重点,积极开展生态补偿工作;崂山区、城阳区、黄岛区和五市政府,应根据区域实际划定本区域的重点补偿范围,制定相应的补偿办法。

2011年3月,为规范和加强森林生态效益补偿基金管理,提高资金使用效益,根据国家和省《森林生态效益补偿基金管理办法》有关规定,结合青岛市实际,市财政局、市林业局制定了《青岛市森林生态效益补偿基金管理办法》,确定森林生态效益补偿工作由林业、财政部门共同组织实施。林业部门主要负责审核、编制辖区内国家级和市级公益林管护实施方案和年度补偿基金支出计划,落实公益林管护任务,对补偿基金的使用效益进行检查和验收。财政部门主要负责分配、拨付补偿基金,对补偿基金的使用进行管理和监督。财政部门要根据当地国家级和市级公益林区划界定情况和管护现状,不断加大对公益林管护的投入力度,并会同同级林业主管部门建立健全森林生态效益补偿机制。

2011年11月,青岛市出台了《墨水河流域生态补偿暂行办法》,建立流域污染防治生态补偿机制,依据墨水河上下游各责任单位出境控制断面年度水质达标、改善或恶化情况,确定奖励和缴纳补偿资金的对象和额度,根据"治理者受益、污染者赔偿"的原则,对达到年度水质考核目标且比上年有所改善的区市进行奖励;未达到年度水质考核目标的区市,需向青岛市上缴生态补偿资金。此举将进一步加快改善墨水河流域和胶州湾海域生态环境质量,探索和建立有利于污染减排和环境质量改善的长效激励约束机制。

2013年3月,青岛市政府办公厅发布《2013～2015年环胶州湾流域污染综合整治方案》,其中提出对按期完成跨境流域综合治理任务,水质达到考评标准的区、市政府,给予适当的生态补偿或环境质量改善奖励。对整治工作不力、整治任务没有按时保质完成或整治效果不明显的责任单位,给予通报批评。

第四章
推进建立青岛市生态补偿机制的建议

第一节 制定青岛市主体功能区规划

一、制定青岛市主体功能区规划的重要意义

国家主体功能区规划展示了国家空间开发格局与战略,它是一个庞大的体系,涉及了地理学、经济学、行政学、社会学、统计学等多门类学科知识,不同学科的专家学者都从各种的学术角度出发,进行了很多研究。在区域发展中,制定主体功能区规划是贯彻落实科学发展观、推进区域协调发展的重大战略举措,对于缩小区域差距,实现可持续发展,具有重要意义。一是它体现了以人为本的发展理念,打破了长期以来把做大一个地区经济总量作为出发点和唯一目标来缩小地区差距的观念;二是体现了尊重自然规律的发展观念,打破了所有区域都要加大经济开发力度的思维方式;三是体现了突破行政区谋发展,改变了完全按行政区制定区域政策和绩效评价的思想方法;四是体现了长远战略思维,改变了过于追求短期发展成效的观念。

国家主体功能区规划与省级主体功能区规划,将国土划分为优先开发区域、重点开发区域、限制开发区域、禁止开发区域四类区域,由于省级主体功能区的划分单位为区、县,原则上地、县两级政府不再进行主体功能区划定。但针对面积较大的区域单元,由于区域不均质性,势必造成一定的矛盾存在。如在优先开发区域与重点开发区域内,可能存在一些需要限制开发或者禁止开发的生态保护区域,在限制开发区域与禁止开发区域内,可能存在小块适合重点开发的区域。所以说,划定各类型开发区域后,某一行政区域可能存在着整体上的主导功能与微观上的非主导功能的矛盾,在区域发展中,正确处理好大的主体功能与小的非主体功能之间的关系是一个不容忽视的问题。

在《全国主体功能区规划》中,青岛市作为环渤海地区山东半岛的桥头堡,其功能定位是:强化青岛航运中心功能,积极发展海洋经济、旅游经济、港口经济和高新技术产业,增强辐射带动能力和国际化程度,建设区域性经济中心和国际化城市。

在《山东省主体功能区规划》中,山东半岛是国家级优化开发区域,对青岛市的功

能定位表述为:增强青岛市现代工业的集聚功能和国际港湾功能,着力构建先进制造业、高新技术产业基地、现代服务业基地和区域性经济中心,建设东北亚国际航运中心;滨海两翼之间要以青岛为核心,加强城市间产业配套和功能互补。其中,胶东半岛国家级优化开发区域,包括青岛市市南区、市北区、黄岛区、李沧区、城阳区、胶州市、即墨市;重点开发的镇、街道包括崂山区沙子口街道办、王哥庄街道办,平度市南村镇、新河镇,莱西市姜山镇、南墅镇;重点生态功能区中国家级农产品主产区,包括青岛的平度市、莱西市,其他作为农产品主产区的乡镇包括黄岛区王台镇、六汪镇、宝山镇、大村镇,胶州市马店镇、胶北镇、里岔镇、张应镇,即墨市灵山镇、段泊岚镇、普东镇、刘家庄镇,沿海生态经济区则主要包括青岛市崂山区;禁止开发的区域主要包括国家级风景名胜区青岛崂山风景名胜区,省级自然保护区崂山自然保护区、灵山岛自然保护区、青岛大公岛海洋岛屿生态系统自然保护区、胶州艾山地质遗迹自然保护区、平度大泽山自然保护区,省级风景名胜区大泽山省级风景名胜区,省级森林公园大泽山省级森林公园、南墅青山省级森林公园,省级地质公园即墨马山省级地质公园,国家级湿地公园山东少海国家湿地公园,近现代重要史迹及代表性建筑,古建筑及历史纪念建筑物等。

全国主体功能区域,由国家和省级两个层面的主体功能区构成,范围包括除港澳台地区以外的全国陆地国土空间以及内水和领海。两个层级的功能规划在空间上不重合,上下两级不是包含与被包含的关系。市、县两级政府原则上不再划定主体功能区,所以在此基础上,提出了基于微观尺度的市级主体功能区规划系统,以"相邻的一个或多个乡镇、街道作为评价单元,科学划分市级主体功能区,并对各类开发区域提出相应的功能定位与发展方向"。青岛市主体功能区划是国家、省级主体功能区规划在地方的延伸,对当地的发展具有指导意义。

编制青岛市主体功能区规划旨在解决主体功能区的主体与非主体、发展与限制间如何协调的问题。青岛市主体功能区规划既要与山东省主体功能区规划很好地衔接,符合国家主体功能区规划、山东省主体功能区规划的功能定位要求,又要体现出市域功能区划分的标准与特点,结合青岛市的空间发展战略,与其他各种类型的规划良好衔接,为青岛市的未来发展、下级地方政府部门的管理提供科学的理论指导。

二、制定青岛市主体功能区规划的基本原则和总体思路

1. 基本原则

(1)发展优先原则

制定、实施主体功能区规划要坚持以服务经济建设为中心,以尽可能少的资源消耗、尽可能小的环境代价,增强经济综合实力,切实转变经济发展方式,大力推进经济结构调整,进一步形成消费、投资、出口协调拉动和三次产业协同带动的格局,更加注重资源环境和社会进步,实现经济社会持续发展。

(2)结构优化原则

将从外延扩张为主的国土空间开发转为优化空间结构、调整各类空间分布在不同区

域为主的新方向。稳定全市耕地保有量,确保辖区内基本农田保护区面积不减少、质量不降低。按照生产发展、生活富裕、生态良好的要求调整空间结构,保证生活空间,扩大生态空间,保持农业生产空间,适度压缩工矿生产空间;按照农村人口向城镇转移的规模和速度,扩大城镇建设空间,适度减少农村居住空间,并修复盘活农村的闲置空间,转为农业生产空间或绿色生态空间;扩大服务业及交通等基础设施空间,提高服务业在产业空间上的比重。

(3) 生态保护优先原则

加快主体功能区规划和建设,坚持以保护自然生态为前提,以水土资源承载能力和环境容量为基础进行开发,有效推进生态环境工程,坚持走人与自然和谐共处的发展道路。开发布局充分考虑资源环境承载能力,大规模、高强度影响工业化、城镇化的开发活动必须建立在国土空间资源环境承载能力综合评价基础上;严格控制在生态比较脆弱、生态系统非常重要、环境容量小、自然灾害危险性大的区域进行影响工业化、城镇化的开发活动;最大限度地保护生态环境和修复矿山迹地生态;注重河流原始生态保护,加大中小河流综合治理力度;建立并强行保护主要河流源头区生态功能区,严禁不符合功能定位的开发活动;从严控制穿越国家限制开发和禁止开发区域;农业开发要全面考虑对自然生态系统的影响,充分发挥农业生态系统的生态功能;生态环境已遭到破坏的区域要展开生态重建,尽快偿还生态欠债。

(4) 集约开发原则

将提高国土空间利用效率作为制定青岛主体功能区规划的重要任务,坚持空间集约发展道路,进行有度有序开发,减轻各种开发活动对资源和生态环境的压力。严格控制开发强度,根据确定的开发强度控制指标,把握好时序进行开发;建立科学合理的主体功能区进退机制,切实提高增长质量和效益,实现节约集约发展;经济开发区要提高单位面积产出率,提高工业建筑密度和容积率;城镇化区域人口和经济规模要与资源环境承载能力相适应;合理调整农业用地结构和布局,积极推进农村土地整治和城乡建设用地增减挂钩工作,实行土地整理和土地开发,开展连片标准农田建设工作,确保耕地占补平衡;农村居民点、农村基础设施、公共服务设施建设要统筹考虑人口迁移等因素,适度集中、集约布局。

(5) 统筹协调、整体推进原则

全面统筹、有效推进全市的开发时序、开发空间、配套政策等,科学安排近期、中期和远期开发时序,对当前尚不需要开发的区域作为预留发展区域予以保护;加快发展中心城镇,培育新的经济增长极,加强与周边区域的经济联系,积极推进相邻区域主体功能定位的有效衔接;统筹配套政策,适时调整完善相关政策、法律法规、专项规划和绩效评价,为推进形成主体功能区提供有效保障机制。

2. 总体规划思路

(1) 基本原则与规划体系

由于受区域条件的不均质性影响,无论区划的尺度选取多小,内部总是有差异性。

市级主体功能区通过以"相邻的一个或多个乡镇、街道"为评价单元的导向功能区划分，先确定每个区域的主体功能，构筑导向功能区内的基本建设布局，再通过对小尺度的"非主体功能区"划分，选定与主体功能相反的管制类型区(图1)。

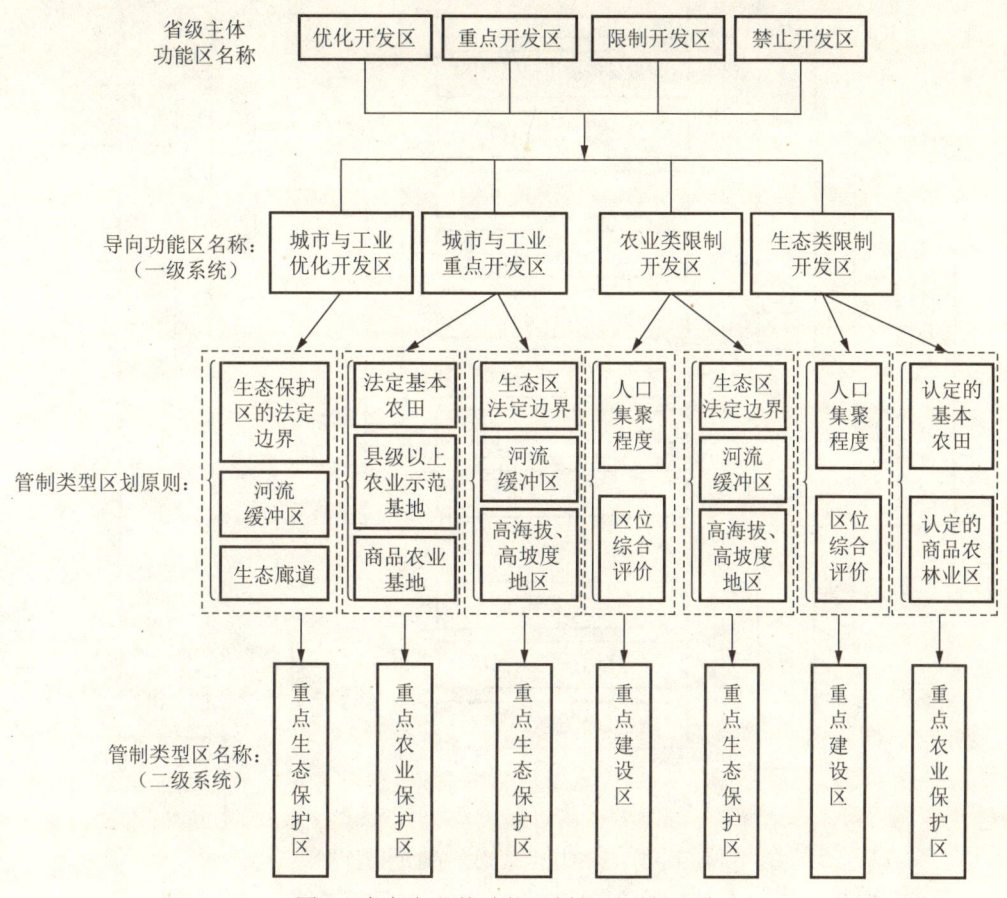

图1 青岛市主体功能区划的原则与方法

（2）导向功能区

导向功能区类型。导向功能区就是正向引导下的功能区，它的划分的目的在于引导各乡镇、街道的核心发展方向，突出导向功能，充分发挥本地资源禀赋优势，加快区域发展。拟将青岛市的导向功能区划分为城市与工业优化开发区、城市与工业重点开发区、农业类限制开发区、生态类限制开发区四类。

划分依据。导向功能区的划分与省级主体功能区划分类似，在空间上，每个评价地区归属于不同的功能区，它们的主体功能较明显，但不能覆盖整个评价地区，可操作性差(图2)。如果将一个区域再放大来看，内部的每个小地块很难呈现同一主体功能，每个地块的土地利用现状、资源承载能力、未来发展趋势、潜力也不尽相同。尽管主导功能区块占有优势比重，但是非主体功能地块的作用不容忽视。因此，单纯地宏观尺度划分会对合理利用土地产生不利影响。

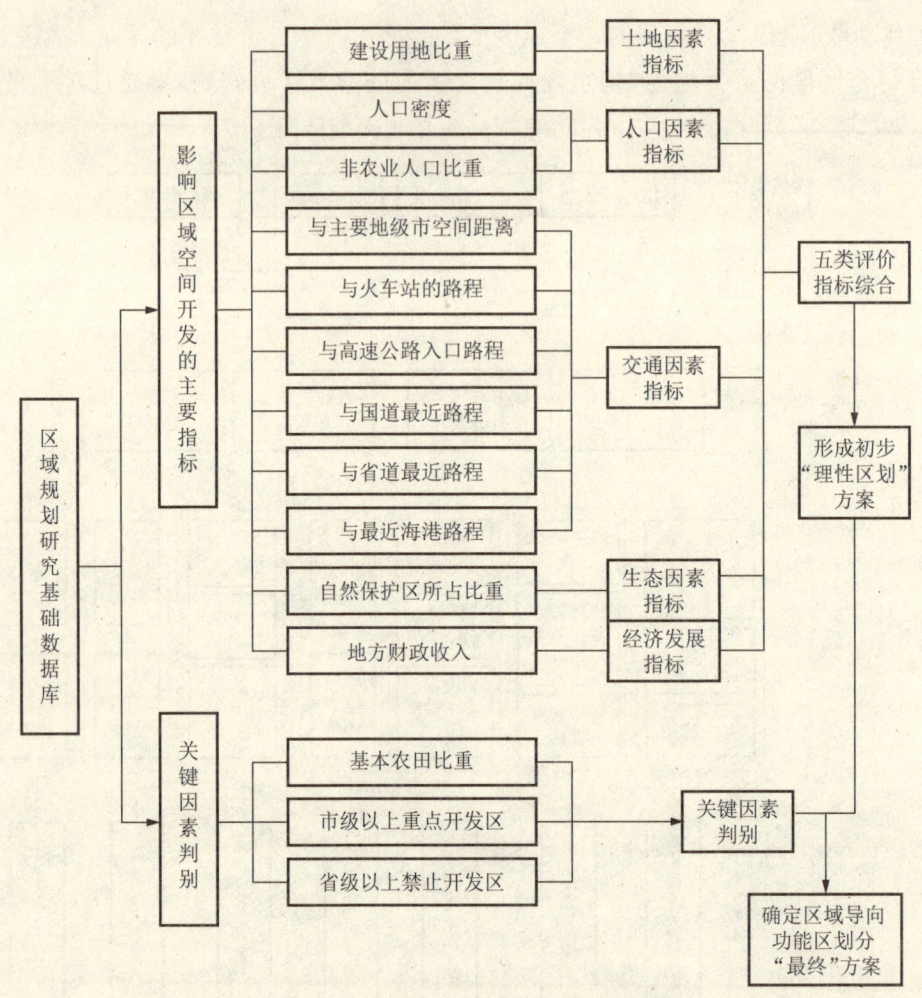

图 2　导向功能区划分的技术流程

主要开发方向。在城市与工业优化开发区,要培育若干各具特色和优势的区域创新中心,加快形成一批拥有自主知识产权的核心技术和知名品牌,推动产业结构向高端、高效、高附加值转变,优化城乡开发布局,控制建设用地增长,保护并恢复农业和生态用地,改善区域生态环境;在城市与工业重点开发区,要加大交通、能源等基础设施建设力度,优先布局重大制造业项目,统筹工业和城镇发展布局,在保障农业和生态发展空间基础上适度扩大建设用地规模,促进经济集聚与人口集聚同步;在农业类限制开发区,要强化耕地保护,稳定粮食、棉花、油料、糖料、蔬菜等主要农产品生产,集中各种资源发展现代农业,推动农业的规模化、产业化,发展农产品深加工及副产物的综合利用,强化农村基础设施建设和公共服务,以县城为重点推进城镇建设和非农产业发展;生态类限制开发区,对于限制开发的生态类限制开发区,要加大生态环境保护和修复投入力度,增强水源涵养、水土保持、防风固沙和生物多样性维护等功能。

(3) 管制类型区

管制类型区属于市级主体功能区规划体系中导向功能区下的二级功能区单位,管制类型区是在导向功能区划分基础上,对各类导向功能区所在区域进行更小空间尺度内的与本区域主体功能相反的功能划分,并且不依行政界限划分。

由于某些行政区面积较大,使得主体功能与非主体功能间的矛盾仍旧存在,影响了区域协调发展,所以在导向功能区划分基础上要划定管制类型区。管制类型区是以导向功能区为基础的功能区划,它是分布零散的、不依行政区界限为边界。管制类型区通过对特定地块的重点发展或限制保护,较好地解决了功能区内部不同发展方向的矛盾。管制功能区的划分标准和评价参考因素采用主导因素法(图3),较导向功能区的划分更简化,同时不失科学性,具有现实意义。考察区域实地状况,因地制宜地设定限制条件。

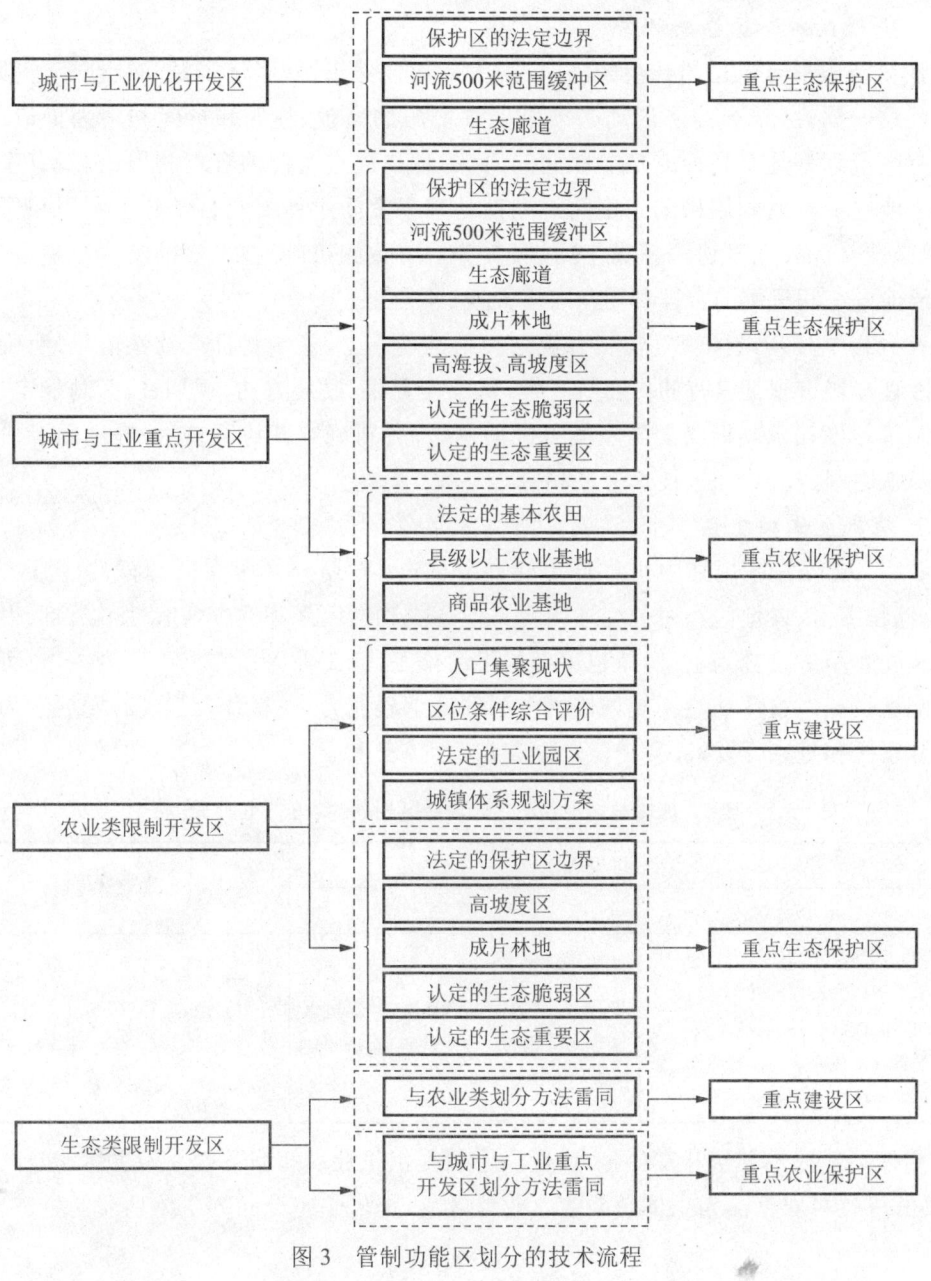

图3　管制功能区划分的技术流程

针对不同类型的导向功能区划分出不同的管制功能区，城市与工业优化开发区内划分的管制类型区是重点生态保护区；城市与工业重点开发区内划分的管制类型区是重点农业保护区与重点生态保护区；农业类限制开发区内划分的管制类型区包括重点建设区和重点生态保护区；生态类限制开发区内划分的管制类型区包括重点建设区和重点农业保护区。通过运用以上划分原理和规则，总结划分出两类管制类型区：重点建设区与重点保护区。在不同的导向功能区内，不同管制类型区的面积比重存在着此消彼长的差异现象。

三、制定青岛市主体功能区规划的主要任务

1. 进行区域资源分析评价

任何资源都有自己的社会经济属性，大多数自然资源、经济资源和社会资源都具有稀缺性这一属性，社会经济活动必须以促进资源的高效、集约和持续利用为价值取向。任何空间规划都是有目标或功能取向的，目的都是促进资源的合理利用、构筑有序推进的国土或区域开发利用格局。空间规划都是基于空间主体要素科学开发利用和保护的规划，必须从综合角度协调各类空间规划，分析协调的机制、技术标准及核心参数等，由此才能促进空间资源的合理利用与有序开发。

在分析主体功能区规划与城市规划关系的基础上，基于目标一致性情景，明确主体功能区划与城市规划具有的内在统一性，从空间界限、发展方向、规划目标、功能定位、指标控制等角度揭示功能类型与空间范围的本质，分析确定其协同技术，提出两者协同规划的基本原则、技术方法、技术标准和核心参数。

2. 确定主体功能区

目前，城市总体规划中进行城市功能分区，一般划分为居住区、商贸金融区、工业区、仓储物流区、绿地区和对外交通区等。但各类功能区之间存在兼容性，居住区以住房建筑和配套服务设施为主，然而也可布局无污染工业；工业区以布局工厂为主，也可设置生活配套设施。主体功能区规划依据资源环境承载能力、现有开发强度和发展潜力划定优化开发区和重点开发区，其功能定位非常明确（表1）。

表1 城市总体规划与主体功能区规划的功能定位比较

主体功能区规划		城市总体规划
优化开发区	重点开发区	
提升国家竞争力的重要区域，带动全国经济社会发展的龙头，全国重要的创新区域，在更高层次上参与国际分工及有全球影响力的经济区，全国重要的人口和经济密集区。	支撑全国经济增长的重要增长极，落实区域发展总体战略、促进区域协调发展的重要支撑点，全国重要的人口和经济密集区。	一般城市有以下主要功能区：商贸中心区、居住区、工业区、仓库区、对外交通区等；有些城市还有行政区、商业区、文教区、休养疗养区等。

主体功能区规划从开发内容上，定义了以提供工业品和服务产品为主体功能的城市化地区，以提供农产品为主体功能的农业地区，以提供生态产品为主体功能的生态地区，

规定优化开发区和重点开发区都是"人口和经济密集区"。城市总体规划中的行政区、商贸中心区、居住区、工业区、仓库区、对外交通区、文教区、休养疗养区等,实际上是城市化地区主体功能的具体化。

3. 提出城市主体功能区规划编制的创新思路

城市主体功能区规划是对城市空间现实状况进行的描述性多元空间划分。从城乡空间规划落实层面看,城市规划应以主体功能区规划为基础进行编制,体现城市主体功能区规划在城市空间规划体系框架中的支撑作用,实现人口、资源、环境和发展的可持续性,进而完善城市总体规划编制体系。

不同空间规划的指导思想、规划重点、规划方法、规划实施状况及地位等方面存在较大差异,这既因为不同主体空间属性存在显著的差异,同时也是各政府主管部门职能取向不同的结果。各类空间规划在空间属性上应相互配套、相互促进,不能截然分开和彼此独立,这需要对不同空间规划的控制性指标、空间层次、近远期关系、实施途径等内容进行系统梳理,解决目前一定程度上存在的各自为政、衔接协调不足、实施不力等问题。

第二节 加快青岛市生态补偿的立法进程

一、完善生态补偿相关法律法规

1. 制定《青岛市生态补偿条例》,明确生态补偿基本规范

生态补偿制度法制化是生态补偿制度运行实施的最有效保障。青岛市生态补偿法律制度体系总体来说十分不健全,需要建立起有效的生态补偿法律保障机制,制定《青岛市生态补偿条例》作为青岛市生态补偿制度的基本法律规范,使生态补偿的各个环节都有法可依。

建立生态补偿制度是关系到当前青岛市经济、社会和环境可持续发展的重要问题,需青岛市人大以地方法规的形式对其加以规范。目前,青岛市的许多法规、条例已经对保护生态环境和污染防治等问题做了原则性规定,但对生态补偿方面的立法还相当薄弱,存在法律缺位状况。并且生态补偿的重要性和必要性也要求必须提高其立法的层次性,必须有足够的权威性保障实现其法律效力,才能统筹协调自然、社会、经济的和谐发展。因此,应该确定生态补偿的法律地位,而不是制定一部效力不强的行政法规。建议制定《青岛市生态补偿条例》作为指导青岛市生态补偿的地方性法规,以法律制度的形式解决以下问题:生态补偿的原则、生态补偿主体的认定、生态补偿对象的确定、生态补偿的范围、生态补偿的标准、生态补偿的方式和生态补偿的保障制度。为青岛市生态补偿制度建设提供基本的制度框架。

2. 修订《青岛市环境保护条例》,推动青岛市生态补偿制度的建立

《青岛市环境保护条例》是关于青岛市环境资源保护的地方法规,当前需借助此条例理顺青岛市环境保护与生态补偿之间的关系,尽快建立统一、协调、完善的自然资源生

态补偿制度。对现行的《青岛市环境保护条例》做必要的修订是建立青岛市生态补偿制度的当务之急。

一是在《青岛市环境保护条例》中增加生态补偿制度的内容,对生态补偿制度适用的主体、对象、范围、补偿的方式和途径、补偿的标准做出原则性规定,确立征收生态补偿费制度。

二是修改环境保护标准,统一生态服务功能损益的数量化标准后,修改环境保护标准中的某些环境质量标准和污染物排放标准,为生态补偿制度的顺利实施奠定坚实的技术基础。

三是修改环境保护违法责任,增加有关生态补偿的行政责任、民事责任以及刑事责任的规定。

四是实行排污总量收费制度,以真正体现"谁污染、谁付费"的原则。建议将《青岛市环境保护条例》中关于排污收费制度的规定修改为:超标排污行为属违法行为,由环境保护行政主管部门对该行为予以行政处罚;排放污染物但不超标者,按排放总量计征排污费,排污费用于污染治理和生态补偿;排污费的征收标准不低于为治理和恢复环境的治理费用和生态补偿费用。

另外,《青岛市环境保护条例》中的环境影响评价制度和限期治理制度中,也应当增加有关生态补偿的规定。

3. 制定专门性生态补偿地方法规

把水土保持、土地管理、森林、草原、防沙治沙、农业、渔业、矿产资源、流域、湿地保护、自然保护区等方面作为特定管理领域,制定专门性的生态补偿地方法规。如鉴于流域水资源生态补偿的特殊性,制定《青岛市流域水资源生态补偿条例》,作为实施流域水资源生态补偿的专门性地方法规依据,规范有关流域水资源生态补偿的各机构、组织和个人的行为。在《青岛市流域水资源生态补偿条例》中,明确规定流域水资源生态补偿的原则、主体、对象、范围、标准、方式、资金来源以及保障体系等;明确规定流域水资源生态补偿管理体制、管理机构及其法律地位、管理权限、职责范围、管理方式等;规定流域内地方政府的职责、流域水资源生态补偿管理机构与地方政府的关系、公众参与管理的方式及程序等。此外,对青岛市生态环境保护具有重要意义的生态系统类型,如针对基本农田、湿地、生态公益林、海岸线等,也应当制定相应的生态补偿专门性法规,构成一个系统的法律法规体系,加强青岛市生态补偿机制体制建设。

4. 建立完备的生态补偿责任制度

(1) 生态补偿的法律责任

生态补偿法律责任是指在行为人因违反有关生态补偿的法律、根据有关生态补偿法律的特别规定或者违反约定,并造成环境损害或可能造成环境损害,所应承担的不利法律后果。在我国目前的生态补偿法律制度中,没有相关的法律责任规定,这使得很多生态补偿法律制度执行起来无法达到预期的目标和效果。因此,应在生态补偿法中明确生态补偿的法律责任。

(2) 完善生态补偿的行政法律责任

一是行政处罚,由特定的国家机关对违反生态补偿法律法规,但尚未构成犯罪的企事业单位和个人所给予的法律制裁;二是行政处分,对违反生态补偿法行为负有直接责任的人员或有关管理人员,由其单位或上级主管机关给予的惩戒性制裁;三是由于地方政府是进行生态补偿的主体,也应负起生态补偿的责任,如果地方政府不能很好地执行生态补偿的任务,造成了一定的危害后果,亦应承担不利的法律后果,即对地方政府给予相应的行政处罚,如罚款、公告公示等,给予主要责任人员相应的行政处分。

(3) 完善生态补偿的民事责任

生态补偿法律关系的民事主体违反法律规定的补偿义务,对生态环境或他人的人身财产造成损害而应承担生态补偿的民事责任,主要包括停止侵害、排除妨碍、消除危险、返还财产、恢复原状、修理、重做、更换、赔偿损失、支付违约金、消除影响、恢复名誉、赔礼道歉等。以上承担民事责任的方式可以单独适用,也可以合并适用。这些方式既可用于生态环境资源的使用者在向国家缴纳了排污费、生态补偿费及相关税收或向生态补偿的保护者支付了一定的生态补偿资金之后,或因另一方违约、妨害使用等原因而不能得到相应的使用权,从而产生的民事法律责任中,也可用于生态利益的受损者或生态环境的保护者未能得到合理的补偿而引起的民事责任。

(4) 完善生态补偿的刑事责任

生态补偿的行为人实施违反有关生态补偿的法律、地方法规规定的严重情节的行为,应受刑事制裁。并没有单独规定生态补偿方面的刑事责任,而刑法解释中也无参照适用的解释,所以生态补偿的刑事责任没有具体的适用依据。应制定对生态补偿刑事责任的相关规定,如对妨害生态环境建设和恢复的行为、对妨害生态补偿的行为根据情节规定刑罚,将挪用生态补偿的物资补入挪用特定款物罪的犯罪对象中,并把其作为挪用公款罪的加重情节等。对生态补偿的刑事责任同样适用主刑和附加刑,不过对生态补偿的刑事责任的主刑种类和轻重程度应与其责任的大小成对应关系。

5. 建立生态补偿的救济制度

为了保证生态补偿制度的顺利实施,保障生态补偿相关利益主体的权利得以有效实现,必须有一套完善的救济机制作为支撑。

(1) 设立生态补偿公益诉讼制度

公益诉讼制度是指除由检察机关代表国家向法院提起追究被告人刑事责任的诉讼外,对于违反法律,侵犯国家利益、社会公共利益的行为,作为非直接利害关系人的组织和个人也可以向法院起诉,由法院追究违法者的法律责任。当生态补偿受害方的权利受损,通过一己之力不能获得有效的救济时,检察机关、其他组织和个人替弱势公民提起公益诉讼,将维护公民的权利和利益,进而维护国家和社会公共利益。

(2) 设立生态补偿听证程序

听证程序是行政机关做出行政行为前给予当事人就重要事实表示意见的机会,通过公正、公开、民主的方式达到行政目的的程序。生态补偿政策涉及众多利益相关者,但在有关政策的制定过程中,却非常缺乏利益相关者广泛参与的机制和实现途径。现有的政策更多的还是体现了中央政府的意志,不能代表广大生态保护利益相关方的利益。所以在生态补偿政策制定及其他的一系列活动中,当生态补偿行政部门的行政行为影响当事人合理的、建立在一定事实基础上的、符合逻辑的、未来即将得到的法律权利和自由时,都应该给予行政相对人及一般公众参与听证的权利,规定生态补偿的听证的范围、程序、参加人、时间安排、听证的组织等。

(3)建立国家、地方生态补偿事务的协调和仲裁机构

设置生态补偿委员会,负责地方协调管理、仲裁纠纷,为重大决策提供咨询意见,规定生态补偿的协调与仲裁机构的组成人员应由生态资源价值评价方面的专家、生态补偿标准制定方面的专家及相关的法律专家组成;另外,应确立仲裁机构的独立仲裁的地位,以保证其仲裁的公正、公平,否则若将其作为一级行政机关,其将会受制于上级行政机关,从而无法保证生态补偿权利人应得的合法权益。

二、生态补偿经济制度建设

生态补偿,需要有相应的资金作保障,离开经济上的支持将难以为继。因此,生态补偿资金的筹集是生态补偿的核心问题,生态补偿经济保障的各项制度也主要是围绕资金筹集而展开。财政转移支付、生态补偿费、生态税、生态补偿基金是生态补偿的重要资金来源。

1. 建立财政转移支付制度

加大生态补偿财政转移支付的力度。转移支付的目标是重点解决各级政府之间财政收入能力与支出责任不对称问题,特别是使经济欠发达地区或贫困地区有足够的财力履行政府生态补偿方面的基本职能,能提供与其他地区大致相等的公共服务。青岛市应尝试采取灵活的财政转移支付政策,激励生态环境保护和建设。

改善财政转移支付的资金投向。生态补偿财政转移支付是政府为了各地生态系统的持续性、协调性发展而使用的一种财政手段,其资金必须实行"专款专用",投向急需资金的生态脆弱地区和大型环境工程的建设。但目前作为生态补偿的各种财政转移支付,隐含并分散在财政体制分成和各种专项之中,如自然保护区建设、生态林养护、污染治理、交通道路建设等。这些财政补偿措施对促进欠发达地区生态环境保护和建设起到了一定的作用,但并没有完全实现专款专用,使财政转移支付积极促进生态建设的良好作用没有得以充分发挥。因此,在生态补偿财政转移资金的投向和使用上,应该进行优化和改善。

慎用补贴。补贴政策是转移支付制度的重要组成部分,当企业为生态功能的建设做出贡献时,政府有必要通过补贴的方式对其所造成的损失给予一定的补偿。目前,这方面的补贴主要停留在生态功能区企业搬迁补贴等因政府干预造成的企业损失上。政府实施补贴的政策需审势而定,避免出现因政策使用不当而加剧生态破坏、环境污染。

在转移支付制度改革中增加相关因素,如农村社会保障支出,对提供生态功能导致

的人民收入水平下降程度给予一定的补偿。增加生产生态效应的国土面积这一因素，生态补偿实际上涉及的最主要因素就是国土面积，不同生态功能的国土面积，将享受不同标准的生态补偿金。增加生态功能区划这一因素，为了弥补因生态功能定位而导致的社会经济发展的机会成本，有必要对不同地区进行相应的生态补偿。

2. 建立生态补偿费制度

生态补偿费是以防止生态环境破坏为目的，以从事对生态环境产生或者可以产生不良影响的生产、经营、开发为对象，以生态环境整治及恢复为主要内容，以经济调节为手段，以法律为保障条件的环境管理制度。早在 20 世纪 50 年代世界上许多国家就相继开展征收生态补偿费，并在法律上予以保障。但我国至今处在试点阶段，并且征收生态补偿费缺乏统一的法律依据。青岛市政府应运用法律手段，把征收生态补偿费的目的、征收主体、征收对象、标准、使用等以法律的形式固定下来，并在自然资源保护法规中对征收生态补偿费做出明确的规定，以取得全社会一致遵守的效力。

征收生态补偿费的主要目的：一是利用经济激励手段，促使生态环境资源的使用者、开发者和消费者加强生态环境资源保护，合理开发、利用环境资源，有效制止和约束自然资源开发利用中损害生态环境的经济行为，保证资源的永续利用；二是通过征收生态补偿费，可以弥补生态环境保护资金的不足，为生态环境的整治和恢复以及为受害者的补偿提供明确的资金渠道，实现国家对生态服务功能购买的目的；三是逐步把生态环境资源的价值体现出来，通过调控生态环境资源的价格把生态环境资源纳入国民经济核算体系。

3. 建立生态税制度

生态税又称环境税，是国家对开发、保护和利用生态环境、资源的单位和个人，按其对生态环境与资源的开发利用、污染、破坏和保护程度进行征收和减免税负的一种税收制度。生态税制度在经济合作与发展组织（OECD）国家已经比较成熟，丹麦、瑞典、德国、荷兰等国家都已经成功地将收入税向危害环境税转移，税种设置包括垃圾填埋税、碳排放税、能源销售税、硫排放税等。严格地讲，我国目前还不存在纯粹法律意义上的生态税，借鉴发达国家实施生态税的经验，我国应立足于可持续发展，尽快改进与优化现行税制结构，建立、完善生态税制度。

税收优惠是国家对生产者改进技术和工艺流程，减少资源损耗、污染物排放所给予的一种正面的税收鼓励或间接的财政援助。作为一种环境保护手段，税收优惠在大力发展循环经济和绿色经济过程中应得到重视。在税收方面，对环保设备生产企业和污水处理厂、垃圾处理厂等防治污染企业，改变原有的、单一的减免税的优惠形式，采取加速折旧、税收支出等多种优惠形式，在增值税制度中增加对企业购买的用于除尘、消烟、污水处理等方面的环境保护设备允许抵扣进项增值税额的优惠规定；对环保类企业和一般企业的环保类研究与开发费用可以加倍扣除，以促进该类企业技术设备的进步与技术创新；对在内、外资企业所得税和个人所得税制度中，增加对企业和个体经营者为治理污染而改革工艺、调整产品结构、改进生产设备发生的投资给予税收抵免的规定；对环保类企业技术人员的工资可按实际发生额在税前扣除,降低其所得税税率,以此吸引环保类技术人才的聚集,促进企业环保类人力资本的形成。

三、生态补偿管理制度建设

1. 建立生态补偿资金管理制度

生态补偿资金管理制度通过资金财务收支预算管理,遵循分级审批、层层把关、加强资金跟踪检查等原则,形成事前预算、事中控制、事后反馈的管理控制体系,对生态补偿资金的使用进行严格的管理。青岛市在建立生态补偿机制时,需建立生态补偿资金规划管理制度、生态补偿资金使用管理制度、生态补偿资金效果评价管理制度。

2. 建立生态补偿信息通报机制

生态补偿管理涉及多方面的复杂性问题,广泛而有效的信息共享和披露,能够为生态补偿管理决策提供有力的信息支持,使各利益相关方更好地理解和支持生态补偿管理方面的决策,充分参与生态补偿管理,避免各区域、各部门为获取有关生态补偿信息而低水平重复建设、浪费资源的现象。建立生态补偿信息通报机制,要求各级生态补偿管理机构之间增加工作透明度,建立一定程度的合作交流机制、信息通报制度,实现信息互通,资源共享。作为地方层次的生态补偿管理委员机构,应定期发布生态补偿管理公报,就辖区内与生态补偿有关的事宜通告辖区内的各行政主管部门,为实现生态补偿统一管理和科学决策创造条件。

3. 建立生态补偿联合磋商机制

磋商机制是指区域政府之间、行政部门之间以及它们与其他利益相关者之间进行平等协商,各自表达或妥协自身权益,以达成某种机构和协议的制度安排。生态补偿涉及多个地区、多个部门、多重利益,因此,磋商机制在实现生态补偿方面可以发挥积极的作用。对于大尺度生态问题,磋商机制应该建立在环境安全的框架之下;对于中小尺度生态问题,在地方层次或基层层次的生态补偿管理机构的协商下,考虑到环境保护和建设的需要,建立地方都可接受的磋商机制,共建协商平台。

4. 建立生态补偿纠纷调处机制

生态补偿往往涉及复杂的利益关系和利益格局的调整,需要对因利益关系所引起的纠纷与矛盾建立适当的纠纷调处机制和生态补偿仲裁制度。当通过协调不能解决因利益关系所引起的有关生态补偿的纠纷与矛盾时,纠纷任何一方可以报请上级生态补偿管理委员会裁决;另外,因生态补偿引起的赔偿责任和赔偿金额的纠纷,由有关各方协商解决,协商不成的,可以请求相应的生态补偿主管部门调解或者按有关法律程序裁决。

四、生态补偿社会制度建设

由于环境问题既会面临"政府失灵",又会面临"市场失灵",所以在设计生态补偿的政策手段时,需要寻求新的制度安排生态补偿社会机制的创新。大量实践表明,生态补偿社会制度不仅是环境保护的重要手段,而且是一种基础性手段。

1. 发动社会公众自觉参与

由于生态环境问题的严峻性,生态补偿日渐受到社会公众的关注。客观地讲,没有什么问题像生态问题这样与每一个公民息息相关。因此,创设一种参与机制充分调动公众参与生态补偿的积极性、主动性,是生态补偿社会制度建设的重要内容。生态补偿管理中的公众参与机制应包括以下主要制度安排:一是公众参与的阶段选择;二是公众参与的方式安排;三是参与者的选定;四是资讯的获取与参与的回应机制。

2. 完善利益相关者的利益表达机制

公平是生态补偿机制应遵循的基本理念,而要真正实现生态补偿机制追求的公平就必须保证公民实现充分表达自己利益诉求的权力。受偿群体在意识到自己的利益没有得到充分补偿和保护后,只能选择非制度化的和非法的利益表达行为来争取自己的权益。因此,应加强生态补偿利益相关者实现利益表达权的保障措施建设:一是增强弱势群体等利益表达主体的利益表达意识;二是建立利益相关者的直接协商对话制度;三是通过公益诉讼的方式帮助利益相关者获得有效的利益补偿。

3. 加强生态补偿的宣传教育

生态补偿制度是否真正奏效归根到底取决于社会公众素质的提高,而社会公众素质的提高只能靠教育。因此,实施生态补偿战略,必须大力发展生态教育。生态教育包括正式会议的宣传教育、文件书籍的宣传教育、新闻媒体的宣传教育、学生课堂的宣传教育、节日活动的宣传教育等。

4. 扶植绿色社团

绿色社团在环境保护中发挥越来越重要的作用,可通过民间发起的环境保护组织开展宣传工作,鼓励创办绿色企业、从事绿色营销、生产和消费绿色产品等;通过组建具有相对独立性的绿色社团组织对政府形成一定的监督和制约作用。目前,我国的绿色社团组织还留有太多的政府干预痕迹,如每个省都有环境科学学会,一般省环境科学学会会长由退下来的环保局局长担任,理事则由环保部门的官员兼任,经费由环保部门划拨,任务由环保部门下达,这样的环境科学学会只能成为政府的附庸,难以成为一支独立的推动生态补偿机制建设的力量。

第三节 完善青岛市重点领域生态补偿的工作措施

一、建立统一与多元化相结合的生态补偿管理体制模式

1. 建立生态补偿管理委员会

推动建立青岛市生态补偿管理委员会,生态补偿管理委员会在全市范围内行使生态补偿管理权,对生态补偿实行统一管理。生态补偿管理委员会的职责包括制定生态补偿综合规划、制定重要生态补偿法规、指导下级生态补偿管理机构及各级政府进行生态补偿工作、协调生态补偿工作及协调处理地方生态补偿管理机构与行政区域机构因为生态补偿所引发的矛盾纠纷等。管理方式主要包括宏观管理、规划、调控、监控、法规研究和

依法审批具体的生态补偿管理条例和细则等。

青岛市生态补偿管理委员会应由环保局、财政局、发改委、农业局、水利局、林业局等相关部门领导组成,委员会下设办公室作为常设办事机构,考虑到业务性质,委员会办公室设在市环保局,办公室可外设一个由专家组成的技术咨询委员会,负责相关政策和事务的技术咨询。

2. 设立区、市政府生态补偿管理机构

设立的区、市政府生态补偿管理机构在行政关系上隶属区市政府,业务接受市生态补偿管理机构领导。区、市政府生态补偿管理机构享有生态补偿管理权,其管理职能建立在协商与协调的基础之上,主要职能应包括负责落实市生态补偿战略和政策,统一领导和管理生态补偿,确定行政区域内生态补偿的重大方针政策,组织实施重要区域的生态补偿,提出生态补偿重大项目,为市有关生态补偿的大政方针及立法或法规和规章的制订提供草案或建议,统一管理和协调生态补偿中的重大问题和有关事项,协调跨区域间由于生态补偿引起的纠纷,指导下级生态补偿管理机构的相关工作。

3. 建立基层生态补偿管理机构

为更好地履行生态补偿管理职责,行使自己的管理权限,各区市政府生态补偿管理机构可以根据工作的实际需要,按级别设立各级基层生态补偿管理机构。基层生态补偿管理机构的职能主要有负责区域内生态补偿管理的具体事务,就生态补偿管理的具体事务向上级管理机构反映,提出所关注的问题的观点和意见,为上一级管理机构的生态补偿决策提供基本信息;审定和核查生态补偿申请和效果,提出生态补偿意见;监督和监测生态补偿实施情况,提出具体审查意见并监督执行,为生态补偿总体规划提供基本数据和资料;进行调查研究并广泛搜集各方面的意见;及时向社会发布生态补偿信息。

基层生态补偿管理机构成员包括水资源、农业、林业、水务、城建、环保等政府职能部门和社区、涉及环境的企业集团、环境规划咨询机构和其他与环境相关的利益团体。由多个社会利益群体参与管理生态补偿,能够保障生态补偿的公平性,更加明确环境保护和建设中的责、权、利关系。

基层生态补偿管理机构在行政关系上隶属行政区域政府生态补偿管理机构,其领导人由机构成员选举产生,财政开支由上一级的行政区域政府生态补偿管理机构拨给。

二、建立生态补偿专项资金

1. 建立生态补偿专项基金制度

生态补偿专项基金制度是以国家投入为主体、多渠道筹集生态补偿资金的一项资金管理制度,它包括以生态建设和生态补偿为目的所设立的专项基金。近年来,随着国家财政体制的改革,国家已经增加了生态建设和环境保护方面的资金投入,但是与生态补偿的需要相比这类资金投入仍有很大距离。通过建立生态补偿专项基金制度,可以形成多渠道、多层次、多形式的资金投入机制,充分调动社会各方力量进行生态补偿。

2. 政府投入的生态补偿资金来源

拓宽来源于国家投入的资金渠道,主要有如下几个方面:

一是把生态补偿专项基金纳入国民经济收支体系,采取财政预算直接拨款的方式,提供稳定可靠的资金来源;

二是征收的生态补偿税(费)也应成为专项基金的一部分,专款专用,保证资金投向环境保护和生态建设领域;

三是从某些国有公共设施运作的收益和土地收益中提取部分资金作为生态补偿专项基金;

四是生态效应生产地政府为确保生态效应的生产而投入的政府性资金;

五是生态效应受益地政府对生态效应生产地政府的生态补偿横向转移资金;

六是生态效应受益地政府部门或法人、自然人以及国内外的捐赠;

七是生态效应或生态功能外溢后,根据"谁受益、谁补偿"的原则,那些从生态建设中获利的部门,如大型水电站、水库、交通干线等受益部门或单位,其取得的相关收入(如自来水厂出资购买高品质水的收益,上游水库卖水取得的收入)也应成为生态补偿基金的来源;

八是生态补偿专项基金本身运行取得的投资收入、利息收入等。

3. 设立开放式的公众基金

生态保护是一项全民的事业,需要社会公众的广泛参与,为了更好地募集资金,可以借鉴基金会的形式,设立生态补偿的开放式公众基金,即公众以基金的形式将手中的资金集中起来,由投资者投资经营环保产业。这样一方面可以集结整个社会的力量投入生态补偿,能够发挥资金使用的规模效益,另一方面可以使公众在经济上有所受益。政府对于这类基金应通过政府政策引导,利用激励机制,如基金收益减免税、贴息等,引导社会资金成为生态补偿基金的来源。但对基金的投资方向应进行严格限定:只能投资于政府为环保工程和生态补偿筹资而发行的债券以及私人或政府发起的环保产业的运营等方面。

4. 间接地引导社会资金

在其他财政政策中,融入生态补偿的含义,间接地引导社会资金向生态建设、生态补偿领域转移,包括建立生态环保创业投资基金、BOT投资方式、资产证券化融资、开辟投资联结保险金融新产品、培育和发展资本市场、发行生态建设彩票、培育生态环保信托业、引进国际信贷等方式,从而不断扩大生态补偿专项基金的来源。

三、确立生态补偿方式

1. 明晰补偿方式的原则

在对建立生态补偿制度的讨论中,"谁受益、谁补偿,谁破坏、谁恢复,谁污染、谁治理"的补偿责任原则已经获得了广泛认可,可以总结出以下七项确定生态补偿方式、权责的基本原则:

破坏者补偿原则。该原则是指行为人的行为对生态环境产生负面效应,即使生态环境的服务功能和价值发生了退化,就应当对此负责,支付相应的生态补偿费用。

使用者补偿原则。由于生态资源具有稀缺性,同时它还是一种公共资源,因此,使用生态资源者由于独占了生态资源,应当向共同拥有者支付补偿,可以由政府代表公众来接受补偿。例如,占用耕地、采伐木材、开采海岸线资源等,该行为主体都应该向政府支付一定的占用费。

受益者补偿原则。受益者补偿原则是指由于他人建设、保护生态环境的行为而获益的人,应该向生态环境建设者、保护者支付补偿。这一原则在解决一些跨区市的生态环境责任上发挥着重要作用。现实中,一些生态环境问题被地方政府置之不理的原因在于即便投入人、财、物进行治理,最终效益会外溢到其他地区,而本地区的获益无法弥补治理成本。确立了受益者补偿原则,就可以通过受益地区的地方政府向治理方的地方政府支付补偿,来调动治理生态环境的积极性。从而解决生态问题的"悬挂"现象。

保护者受偿原则。此原则是指对生态建设的保护做出贡献的集体和个人,对其投入的直接成本和丧失的机会成本应给予补偿和奖励。这是明晰接受生态补偿权利的原则。根据这一原则,植树造林者、退耕还林者等生态保护和建设者们都可以获得应有的补偿,才能真正体现生态补偿的权责对应,调动个人和集体建设、保护生态环境的积极性。

区域和谐发展原则。生态补偿并非劫富济贫,而是为了通过生态补偿,将生态环境的外部性内部化,使使用者、受益者、保护者共同保护生态,最终达到区域的和谐和全社会的可持续发展。

可承受原则。在确定生态补偿标准时,需要考虑到政府、社会组织、生态环境的使用者、生态环境保护受益者的承受能力,确定合理的补偿范围,并采取低价介入、逐步提高的方法。

"重造血轻补血"原则。生态补偿基金应该注重"造血功能",将资金用于生态补偿区域的可持续发展,杜绝简单的资金补偿形式。

2. 确定生态补偿的主体

从当前的实践来看,确定补偿主体主要是根据公平、公正原则,主要按照"谁污染、谁整治,谁破坏、谁恢复,谁受益、谁补偿"的责任原则,生态补偿的主体应包括国家、地方政府以及组织或者个人。

国家。国家作为生态补偿的主体,其责任主要体现在国家政府应拓宽投资渠道,除中央财政支持外,还要积极争取国际相关金融组织或者国外政府组织的优惠贷款;国家政府是行为主体,国家除对相关利益者进行直接补偿外,还要制定相应的措施、法规、保障机制,才能使生态补偿建设顺利进行。

地方政府。地方政府作为补偿主体是相对的,在当地,地方政府在生态补偿建设中的作用一定程度上可以等同国家政府,同样也是投资主体和行为主体;但从区域分布来看,由于生态产品具有空间流转的特性,加上所处地理位置的实际情况,在某些时候地方政府可能是补偿的主体,但在某些时候可能就是补偿的客体,也就是补偿的对象之一。在生态补偿机制设计中,由于地区分布特点和生态产品的空间能动性,对生态补偿机制的设计应是动态的、差异化的。

组织或者个人。组织或者个人是指从事生态建设、经济开发等活动或者经济行为的企业组织或者个人,由于在经济活动过程中,会产生外部性效果,生态补偿机制就是要使外部性内部化,因此,组织或者个人等利益相关者就有可能成为补偿的另一主体。由于国家政府和地方政府财力有限,光靠政府作为补偿主体不现实,因此,组织或者个人这一补偿主体是一种有利的补充,也是生态补偿建设过程中一个重要的辅助手段,实践证明也是切实可行的。

青岛市生态补偿的重点领域、补偿主体如下(表2)。

表2 青岛市生态补偿的重点领域、补偿主体

饮用水水源地集水区	供水地区的上级政府; 受水地区的受益者(使用水资源的企业和个人); 污染物排放者; 其他不稳定的生态补偿资金来源。
湿地	青岛市各级政府; 使用湿地资源的企业; 湿地所在地的农民、渔民、开展生态旅游的获利者等; 污染物排放者; 湿地产品消费者,如普通公民通过购买经过生态认证的湿地农副产品。
生态公益林	青岛市各级政府; 直接享受森林生态效益的个人、单位和组织和因森林生态效益而带来直接经济效益的部门,如水利水电、旅游部门等; 使生态环境遭受破坏的个人、单位或组织。
海岸线	青岛市各级政府; 使用海岸线生态资源的开发者; 破坏海岸线生态资源功能的开发主体; 因他人的海岸线生态保护活动而增加或提高所享有的海岸线生态资源数量与质量的利益主体; 沿海各级政府; 一定的社会组织如生态环保基金会。

3. 补偿客体(补偿对象)

补偿客体(补偿对象)一般包括一切受经济活动而产生任何影响的地区政府、组织以及个人。具体来说可以分为两类:一类是参与生态建设或者其他经济活动过程中直接产生社会效益和生态效益的组织或个人,便是生态补偿的对象,如生态公益林造林,具有明显的正外部性,给社会带来明显的生态效益,但造林者却很难从中得到收益,因此,应予以补偿;一类是人为的相关活动给社会、组织及个人带来负面影响的受影响者。值得一提的是在受影响者中,有些是间接的,有些是直接的,一般在补偿过程中只把直接受影响者列为补偿对象,主要原因是因为间接受害者或者间接产生效益者为数众多,财政难以承受,同时不好鉴定,因此,很难对它们逐一补偿。

青岛市重点领域生态补偿的补偿客体如下(表3)。

表3　青岛市生态补偿的补偿客体

基本农田	基本农田的使用者或者种植者； 拥有耕地承包经营权的农户，农地经营权发生流转的农民不是基本农田生态补偿的客体； 集体经济组织是基本农田所有者，应该享有生态补偿分享，其后再在本集体成员之间进行二次分配； 承担较多基本农田保护责任的区、市政府。
饮用水水源地集水区	集水区内以牺牲经济发展为代价保护水资源的地方政府； 集水区内为保护水资源丧失发展机会的企业、居民； 集水区内为积极主动采用环保、节能等新技术的企业； 水土保持建设者； 原来居住在饮用水水源地集水区的生态移民； 为提高流域生态环境和水资源保护及利用水平而进行相关研究、教育培训的单位和个人等。
湿地	为保护和建设湿地环境做出贡献的单位或个人； 为实现湿地生态效益而失去发展机会的利益受损者； 湿地所在地的居民和政府； 湿地生态环境的建设者； 有关湿地保护研究的学者和机构、湿地管理机构等； 生态移民、拆迁者。
生态公益林	分林到户后实行林业分散经营的农户； 在承包、租赁荒山荒地过程中发展起来的林农业； 通过承包、转让、租赁等方式依法取得森林所有权的集体林业企业以及国有林业企业。
海岸线	海岸线生态资源的所有者； 为保护海岸线生态资源而付出代价者； 因海岸线生态资源的使用或保护而受到利益损害的利益主体。

4. 生态补偿的方式

在现实中，由于各地区所处地理位置不同，在资源禀赋和经济发展水平上都存在明显的差异性，这就要求各地在生态补偿方式及补偿途径上进行多样化设计，这样才能有效保证生态补偿的顺利进行。补偿方式及补偿途径的多样化是青岛市实现生态补偿制度的关键。青岛市可采取如下方式进行生态补偿：

（1）政策补偿

政策补偿主要是通过制定一系列创新政策，针对基本农田、生态公益林、饮用水水源地集水区、海岸带的生态保护和生态建设予以项目支持，在财政税收方面予以优惠，并通过相关政策促进地区发展和增加资金筹集力度，利用制度和政策进行补偿的一种生态补偿方式。政策补偿对一些贫困地区、资金比较缺乏的地区至关重要，对贫困地区给予一定的政策倾斜就是很好的一种补偿手段，政府可以在财政税收、产业发展、项目建设等方面对贫困地区给予一定的政策倾斜，制定相应的激励措施，可以有效地改善贫困地区的投资环境，或者通过政策扶持贫困地区大力发展生态型产业，培育新的经济增长点，促进地方经济、社会和自然和谐发展。

(2) 物质补偿

物质形式的生态补偿可以分为两种：一种是有形物质补偿，主要是一种通过给予被补偿对象劳动力、高素质人才、土地等具体物质进行生态补偿的方式，如在退耕还林中采用粮食进行补偿就属于有形物质补偿的方式，这种方式有利于提高物质的使用效率，并改善受补偿者的生活状况；另一种是无形物质补偿，主要体现在服务方面，如向被补偿对象提供技术咨询、技术培训、智力服务、出谋划策等，这种补偿方式主要用于贫困或者经济欠发达地区。

(3) 资金补偿

资金补偿是目前比较常用、见效较快的一种生态补偿方式，有保障的补偿资金来源是实现资金补偿的关键。目前，实现资金补偿所需的资金来源主要有政府财政转移支付、生态补偿建设发展基金、各种形式的民间捐赠、补贴、金融机构贷款与担保、贴息、发行债券、市场融资等。进行资金补偿需要不断拓宽资金来源渠道，同时要加强管理与监督，保证补偿资金的合理应用。

(4) 要素补偿

要素补偿也称市场补偿，是指在政府的宏观指导下，通过市场手段，利用市场交易机制自发调节，实现利益相关者自愿协调的一种生态补偿形式。由于我国市场机制还不够完善，要素补偿这种生态补偿手段应用还不够普遍。但国外的生态补偿实践表明，要素补偿在生态补偿制度建设过程中已经发挥了重要作用。因此，在确定产权的前提下，通过利用市场机制建立环境资源市场交易平台，运用市场手段实现利益相关者之间的自愿补偿已迫在眉睫。从我国当前的生态补偿实践试点来看，水资源交易和排污权交易是最常见的要素补偿方式，从实践效果来看，要素补偿的可操作性较强。

(5) 其他补偿方式

包括项目补偿、产业补偿、股权补偿等。其中项目补偿是指国家划拨资金用于水源地生态保护区保护、生态公益林建设、湿地恢复等生态保护项目建设，由受补偿区域的地方政府负责项目的具体实施和维护；产业补偿是指政府帮助水源地保护区发展替代产业，或者补助发展无污染产业，以增强其自身造血功能，缩小水源区上下游区域间的发展差距，提高人民生活水平的补偿措施；异地开发也属于一种产业补偿，它为水源地生态保护区居民提供了一个异地发展的空间、帮助生态保护区居民建立替代产业，从而实现生态保护区的社会经济发展和生态环境保护双赢；股权补偿，如原来在被占海域进行养殖活动的养殖业主将其养殖海域使用权折价之后置换成开发项目的对等股份等。

青岛市重点生态补偿领域的生态补偿方式如下（表4）。

表4 青岛市重点生态补偿领域的生态补偿方式

基本农田	政策补偿、物质补偿、资金补偿。
饮用水水源地集水区	政策补偿、物质补偿、资金补偿、要素补偿、项目补偿、产业补偿、异地开发。

续表

湿地	对具有公有产权性质的湿地采取资金补偿、物质补偿、社区共管等方式使当地社区居民从湿地保护中受益,对具有私有产权性质的湿地采取公共购买制度或管理协议的方式对拥有湿地的当地社区居民的损失予以补偿,鼓励当地居民以环境友好型的生产方式参与湿地保护。
生态公益林	分类补偿。根据限制程度和利益损失的不同,对不同类型的生态公益林,采取不同的补偿方式实行完全补偿或部分补偿。 重点补助。对有不同权属的重点生态公益林,采取物质补偿或者资金补偿的方式分类进行补助。
海岸线	资金补偿、政策补偿、物质补偿、产业补偿、股权补偿。

四、确定补偿标准

1. 确定补偿标准的原则

采用不同方法计算得出的补偿标准肯定会有所不同,如何从这些补偿标准中进行选择,需要遵循如下原则:

可行性原则。选择、确定补偿标准时,首先应考量采用该补偿标准的技术可行性及实际操作可行性,应以治理污染、恢复生态环境所需费用确定生态补偿金数额,要确定所需的生态补偿金数额有可靠的来源保证。

综合性原则。在确定生态补偿标准时,要考虑各种因素对补偿标准的影响,同时还应综合不同测算方法的结果确定最终的补偿标准。

2. 青岛市各类生态功能区生态补偿金总量的测算

确定合理的生态补偿标准是当前青岛市生态补偿制度建设的重点和难点,主要在于量化生态补偿标准比较困难,补偿的范围有时有很大的不确定性,难以界定。目前,从当前国内外实践来看,确定生态补偿标准主要依据补偿金总量与造成的损失量或产生的效益量接近这一准则来进行,主要从以下几个角度来确定补偿的标准(图4)。

根据对青岛市水源地、生态公益林、湿地和海岸线生态系统服务价值、生态经济系统能值的估算,从成本、获利、受损、支付意愿等角度确定的青岛市各重点领域的生态补偿标准。

3. 青岛饮用水水源地集水区的生态补偿标准

(1) 青岛市饮用水水源地集水区生态补偿金总量测算

测算方法及理论基础。生态环境被认为是公共物品,因此,市场规律不能够有效地配置这种公共资源,但是可以利用市场规律及其相关理论进行模拟以得出生态补偿的标准。生态补偿和市场的要素类似,生态补偿制度主要涉及补偿者、受偿者、受偿者提供的和补偿者享受的生态系统服务,一个标准的市场有消费者、供给者和商品。确定生态补偿的标准和确定商品的价格都是寻找均衡的方法。目前,大部分确定生态补偿标准方法的理论基础有生态系统服务功能价值理论、半市场理论和市场理论,相应地确定生态补偿标准的方法有基于生态系统服务功能价值理论的生态系统服务功能价值法、生态效益等价分析法(HEA),基于市场理论的市场法,基于半市场理论的机会成本法、意愿调查

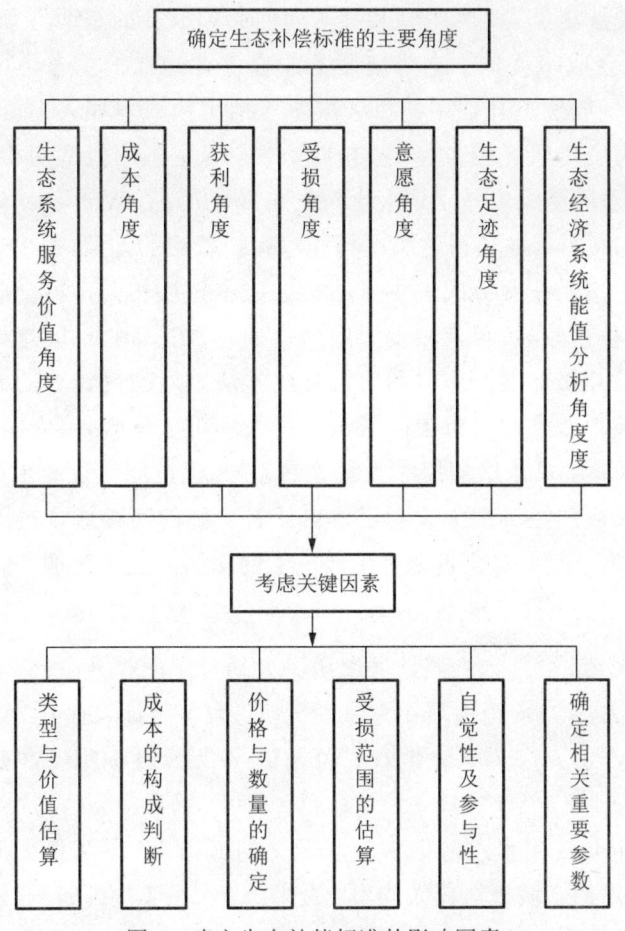

图 4　确定生态补偿标准的影响因素

法、微观经济学模型法等方法。本书拟采用市场法、机会成本法两种方法确定青岛市饮用水水源地集水区的生态补偿金总量。

利用市场法测算。利用市场法确定青岛市饮用水水源地集水区的生态补偿金总量。由于水资源有很强的市场属性,生活用水和工业用水都有明确的市场价格,按照市场价格进行水资源交易的可行性很高。市场法的原理是把生态系统服务看成一种商品,利用这种商品建立一个市场,市场中的供求双方分别是生态补偿的补偿者和受偿者,确定生态补偿标准就是按照市场规律确定这种特定商品的均衡价格(即供求曲线的交点)。市场是多元化的,包括竞争市场和垄断市场,不同类型的市场定价机制也不同,利用市场法确定生态补偿标准时通常对市场的特质研究较少,定价方式一般是两个区域政府或企业与政府的协调定价。2013 年青岛市的主要饮用水水源地水库共向市区供水 $28\,071 \times 10^4\,m^3$,"十二五"末,山东省地表水水资源费的平均征收标准为 0.4 元/立方米,如果按照水资源费的 10% 提取饮用水水源地集水区生态补偿基金,那么青岛市每年可以获得饮用水水源地生态补偿基金 1 122.84 万元。

利用机会成本法测算。利用机会成本法测算青岛市饮用水水源地集水区的生态补偿金总量。机会成本法被认为是目前较合理且常用的确定生态补偿标准的方法,机会成本在经济学领域被定义为"为得到某种东西而必须放弃的东西"。应用到生态补偿标准测算过程中,机会成本就是生态系统服务的提供者为保护生态环境所放弃的经济收入、发展机会等。一般生态补偿中的机会成本包括土地成本和人力资本两部分,目前对机会成本中的人力资本研究较少,研究主要集中在与生态环境密切相关的土地利用上。Wossink(2007)认为机会成本是土地上生产的市场化产品,Wünscher认为机会成本是以最佳土地利用方式利用土地获得的利润与环境保护费用的差值,很多研究均认为生态补偿的补偿标准与生态系统服务的提供者的机会成本直接相关。机会成本是一种潜在的投入,其核算方法争议较多,目前主要采用问卷调查、实例调查、间接计算等方法计算机会成本以确定生态补偿标准。本书利用机会成本法采用间接计算的方式计算水源地集水区的生态补偿金。参照青岛市市区城镇居民人均可支配收入、农民人均纯收入,计算出相对于参照值水源地集水区居民收入水平的差异,以此间接反映水源地集水区居民发展权受限制可能造成的经济损失。为了避免计算得到的间接成本过大而造成补偿机制难以实施,引入了第一产业总值占地区生产总值的比例系数进行调整。测算公式为:

$$Y = [(C_{参照} - C_{水源}) \times P_{城镇} + (N_{参照} - N_{水源}) \times P_{农村}] \times w$$

式中:Y为年补偿额度,$C_{参照}$为参照地城镇居民人均可支配收入,$C_{水源}$为水源地城镇居民人均可支配收入,$P_{城镇}$为水源地城镇总人口,$N_{参照}$为参照地农民年均纯收入,$N_{水源}$为水源地农民年均纯收入,$P_{农村}$为水源地农村总人口;w为水源地第一产业总值占地区生产总值的比重。

青岛市及各主要饮用水水源地水库水源区的城镇人口(以非农业人口代替)、农村人口(以农业人口代替)、城镇居民人均可支配收入、农民年均纯收入、水源地第一产业总值占地区生产总值比重如下(表5)。

表5 青岛市主要饮用水水源地水库水源区的人口、收入情况

水源区	总人口(人)	非农业人口(人)	农业人口(人)	城镇居民人均可支配收入(元)	农民人均年纯收入(元)	水源地第一产业总产值占地区生产总值的比重(%)
城阳区	485 594(2012)	463 717(2004)	85 644(2004)	34 985	14 702	0.4
胶州市	809 435	391 141	418 294	28 586	13 939	6.3
即墨市	1 134 000	632 000	502 000	28 609	13 923	7.2
原胶南市	843 276	395 439	447 837	27 600	13 879	7.21
莱西市	735 360	328 548	406 812	27 594	13 623	9.91
平度市	1 377 850	447 000	930 600	25 420	13 593	12.6

注:以城阳区代表崂山水库水源区,原胶南市代表小珠山水库、铁山水库、陡崖子水库水源区,莱西市代表铁山水库水源区,平度市代表尹府水库水源区,即墨、胶州市对棘红滩水库生态保护有重要作用,另外,即墨市、胶州市有数个作为饮用水水源地的水库在本书中也被作为水源地集水区测算。人口、经济数据为2012年数据,城阳区无2012年农业人口、非农业人口划分数据。

由于生态补偿资金主要来自青岛市财政,所以这里拟采用青岛市作为计算参照地计算青岛市饮用水水源地集水区生态补偿金总量。根据统计资料,青岛市2012年城镇居民人均可支配收入为32 145元,农民人均年纯收入为13 990元(但上述数据包含了青岛市水源地集水区的人口及经济统计数据)。各区市测算结果如下:

城阳区:

$$Y = [(C_{参照} - C_{水源}) \times P_{城镇} + (N_{参照} - N_{水源}) \times P_{农村}] \times w$$

胶州市:

$$Y = [(C_{参照} - C_{水源}) \times P_{城镇} + (N_{参照} - N_{水源}) \times P_{农村}] \times w$$
$$= [(32\ 145 - 28\ 586) \times 391\ 141 + (13\ 990 - 13\ 939) \times 418\ 294] \times 0.063$$
$$= (1\ 392\ 070\ 819 + 21\ 332\ 994) \times 0.063$$
$$= 89\ 044\ 440\ 元(0.890\ 亿元)$$

即墨市:

$$Y = [(C_{参照} - C_{水源}) \times P_{城镇} + (N_{参照} - N_{水源}) \times P_{农村}] \times w$$
$$= [(32\ 145 - 28\ 609) \times 632\ 000 + (13\ 990 - 13\ 923) \times 502\ 000] \times 0.072$$
$$= (2\ 234\ 752\ 000 + 33\ 634\ 000) \times 0.072$$
$$= 163\ 323\ 792\ 元(1.633\ 亿元)$$

原胶南市:

$$Y = [(C_{参照} - C_{水源}) \times P_{城镇} + (N_{参照} - N_{水源}) \times P_{农村}] \times w$$
$$= [(32\ 145 - 27\ 600) \times 395\ 439 + (13\ 990 - 13\ 879) \times 447\ 837] \times 0.072$$
$$= (1\ 797\ 270\ 255 + 49\ 709\ 907) \times 0.072$$
$$= 132\ 982\ 571\ 元(1.330\ 亿元)$$

莱西市:

$$Y = [(C_{参照} - C_{水源}) \times P_{城镇} + (N_{参照} - N_{水源}) \times P_{农村}] \times w$$
$$= [(32\ 145 - 27\ 594) \times 328\ 548 + (13\ 990 - 13\ 623) \times 406\ 812] \times 0.099$$
$$= (1\ 495\ 221\ 948 + 149\ 300\ 004) \times 0.099$$
$$= 162\ 807\ 673\ 元(1.628\ 亿元)$$

平度市:

$$Y = [(C_{参照} - C_{水源}) \times P_{城镇} + (N_{参照} - N_{水源}) \times P_{农村}] \times w$$
$$= [(32\ 145 - 25\ 420) \times 447\ 000 + (13\ 990 - 13\ 593) \times 930\ 600] \times 0.126$$
$$= (3\ 006\ 075\ 000 + 369\ 448\ 200) \times 0.126$$

= 425 315 923 元(4.253 亿元)

计算得出,青岛市各主要饮用水水库水源区、胶州市、即墨市、原胶南市、莱西市、平度市基于发展机会损失的间接成本分别为 0.890 亿元、1.633 亿元、1.330 亿元、1.628 亿元、4.253 亿元。除城阳区外,青岛市全部饮用水水库水源区所应获得的补偿金额总计为 9.734 亿元。

综合上述两种计算方法的计算结果,建议青岛市每年对市域范围内的饮用水水源地集水区进行生态补偿投入补偿金总额为 9.734 亿元。其中 1 122.84 万元由城镇居民和用水企业负担,城镇居民和用水企业每用水 1 m³ 需在已有水价基础上再负担 0.04 元水源地集水区生态补偿基金,这有利于培养城镇居民和用水企业的水资源有价意识和节水意识;其余部分由青岛市财政及其他来源负担。城阳区虽然是重要的水源地水库集水区,但其经济发展水平较高,其城镇居民人均可支配收入、农民人均年纯收入均高于青岛市平均水平,导致不能利用机会成本法测算其水源地水库集水区生态补偿金,但建议根据各项补偿标准对城阳区水源地水库集水区的补偿对象进行补偿,所需补偿资金由其他各区、市生态补偿金结余部分支出。

(2)青岛市饮用水水源地集水区生态补偿金的分配

青岛市饮用水水源地集水区生态补偿的对象包括集水区内以牺牲经济发展为代价保护水资源的地方政府、集水区内为保护水资源丧失发展机会的企业和农村居民、集水区内为积极主动采用环保节能等新技术的企业、集水区内的水土保持建设者,原来居住在饮用水水源地集水区的生态移民,为提高流域生态环境和水资源保护及利用水平而进行相关研究、教育培训的单位和个人等。建议由饮用水水源地集水区的地方政府从当地获得的生态补偿金分别提取 20%、20%、10%、20%、8%、2% 补偿给上述客体对象,20% 生态补偿资金由地方政府留存使用。上述补偿客体对象中企业、水土保持建设者、生态移民等的补偿资金使用由地方政府相关部门进行规划、指导、管理和监督(表6)。

表6 青岛市饮用水水源地集水区生态补偿金的分配

补偿的客体对象	年补偿金额(万元)	占补偿金总额的比例(%)	各生态补偿客体对象的生态补偿金使用方式
集水区范围内的地方政府	19 468	20	城镇居民点环境建设,如生活垃圾集中回收处理、生活污水无害化处理等; 区域生态环境监测及管理。
丧失发展机会的企业	19 468	20	淘汰污染物排放不达标、产能落后企业的补贴; 企业污染物净化技术改造。
丧失发展机会的农村居民	19 468	20	改善居民生活条件,如乡村居民点环境建设,如生活垃圾集中回收处理、生活污水无害化处理等; 农村居民生活补贴; 停止淡水养殖补贴。
积极采用新技术的企业	9 734	10	企业应用节能、环保新技术的政策性补贴。

续表

补偿的客体对象	年补偿金额（万元）	占补偿金总额的比例(%)	各生态补偿客体对象的生态补偿金使用方式
水土保持建设者	19 468	20	生态公益林建设及管护；自然保护区建设；生态公益林造林补贴。
生态移民	2 287.2	8	水源地一级保护区内居民搬迁。
进行相关研究、教育培训的单位和个人	1 946.8	2	生态环境保护研究及试验，如水土保持林造林研究与试验、森林研究与抚育试验、湿地恢复与重建研究与试验等；生态环境保护宣传。

4. 青岛市生态补偿标准

青岛市各重点领域的生态补偿标准如下（表7）。

表7　青岛市各重点领域生态补偿的补偿标准

饮用水水源地集水区	饮用水水源地和拆除围网养殖（由村级集体组织发包）的大水面，每年每亩补助50元； 企业污水无害化处理补贴，按照污水日处理能力6 000元/吨补贴； 城镇、乡村垃圾无害化处理费，按照日处理能力420 000元/吨补贴； 集水区生态公益林造林费，按照15 000元/公顷补贴； 集水区森林抚育费（包括生态公益林），按照每年3 000元/公顷补贴； 集水区河流湿地生态恢复、生态重建费； 农村居民生活补贴，按照每人每年200元计； 企业节水、节能补贴，比2012年节水1 m^3、节能1 t标准煤分别补贴4元、1 000元； 生态移民补贴，将大型水库沿岸陆域一级保护区，即水库最大库容外延200 m陆域内的陆域居民进行搬迁，按照每人1.6万元、每处民房12万元的标准进行补贴； 水资源保护与利用、生态环境保护研究发展经费每年1 000万元，有关宣传、教育培训经费每年1 000万元，用于相关专业高等教育专项经费，其他350万元。
生态公益林	生态公益林每年每亩补助100元。
湿地	湿地重要湿地每年每亩补助100～300元。

5. 补偿数量

对青岛市水源地、生态公益林和海岸带等各重点领域进行生态补偿的补偿客体数量如下（表8）。

表8　青岛市各重点领域生态补偿的补偿客体数量

饮用水水源地集水区	66 947.74万立方米（28 071×10^4吨）
生态公益林（亩）	1 927 910
湿地（亩）	198 751.5

6. 资金测算及来源

经利用公式："生态补偿资金总量 = 补偿标准 × 补偿客体数量"测算，青岛市生态补偿的各重点领域所需生态补偿资金总量如下（表9），所需生态补偿资金来源如下（表10）。

表9　青岛市各重点领域生态补偿所需生态补偿资金总量

饮用水水源地集水区(万元)	97 340
生态公益林(万元)	19 279.1
湿地(万元)	1 987.5～5 962.5

表10　青岛市各重点领域生态补偿所需资金的来源

饮用水水源地集水区	下游相关县区间的分摊，建立水资源生态补偿公共基金，筹集取水或用水补偿费，建立流域生态保证金制度收取的流域生态保证金。
生态公益林	建立多层次森林生态效益补偿机制，由中央政府和地方各级政府承担，根据社会承受能力通过立法开征或加征生态公益林补偿费。
湿地	将对湿地进行生态补偿所需的资金纳入本级财政预算，对开发利用湿地资源的单位征收湿地恢复生态补偿保证金，发行生态补偿政府债券，行政主管部门对在湿地范围内的污染、破坏、砍伐、猎捕等违法行为的罚没收入，建立多元化的投融资机制。

五、建立生态补偿监督评价机制

1. 强化政府责任

在青岛市生态补偿制度建设过程中，为保障生态补偿制度的顺利实施，达到公平、公正的生态补偿效果，首先须加强管理、强化政府责任，建立领导干部绿色GDP政绩考核机制，使政府的权力受到监督和制约；另外，要加大生态补偿监督执法力度，以法律形式确立相关管理部门的职责，并建立联合执法机构系统和相互合作、协调及积极的工作机制，从而保持执法的稳定性、连续性，使地区经济开发利用和管理充分走上法制化轨道。

2. 引入立法听证程序

在生态补偿机制的有关立法决策程序中引入立法听证程序。立法听证是立法主体在进行有关涉及公民、法人或其他组织权益的立法活动时，按照程序给予利害关系人发表意见的机会，由立法主体听取意见的法律制度。在进行有关生态补偿制度建设立法时，应广泛听取青岛市市民的意见，充分了解事实、了解市民的意愿，在广泛听取各种意见的基础上集思广益、正确决策。这样的立法，既可以兼顾民主与效率，又可以预防立法的偏颇与缺乏，从而保证法律的合理性、可行性、提高立法质量。同时，进行立法听证也是一种有效的宣传手段。在听证过程中，广大市民积极参与，实际上也是对立法法案的宣传过程。这也为居民自觉遵守创造了条件。

3. 加强社会监督

社会监督是宪法赋予每个公民的权利。参与是监督的前提和基础，各级政府的生态补偿监管部门要保护公众参与的积极性，提供公众参与的机会，定期向社会公布生态补偿的相关法律规定及生态补偿的实施情况，增加生态补偿的透明度和决策公开化。

群众对生态补偿问题的举报和控告是监督的重要途径。各级环境保护主管部门应建立和健全信访制度，加强对生态补偿实施情况的舆论监督力度，设立举报电话并向社会公开，公开违反生态补偿的事件。指派专人接待和处理群众有关生态补偿实施情况的举报和控告,及时查处违法行为,并将查证处理的结果及时反馈给举报人和控告人。

4. 提高社会公众的生态意识

生态建设是一项公益性事业,生态文明和生态补偿制度建设需要整合全社会的力量来实现,它不是某一个部门、某一个组织、某一个人的事情,而是整个社会应共同关注的问题。因此,生态补偿需要整个社会、各个部门和单位、全体民众的共同关心、支持和参与。所以在完善生态补偿法律机制的同时,还应通过媒体等各种手段向全社会对生态的重要性、生态建设和保护的紧迫性等方面进行宣传。在广泛宣传的基础上,使更多的人了解生态补偿,使更多的人自愿参加保护生态环境的活动。

5. 建立生态补偿效果评估机制

生态补偿效果评估是实现生态补偿的一个极其重要的环节,生态补偿效果评估的关键在于及时了解生态补偿机制的运行情况及实施效果,为进一步完善补偿机制提供参考,为相关指标的动态调整提供依据。建立生态补偿效果评估机制的主要措施如下:

一是建立生态补偿效果评估标准。生态补偿是否有效的基本前提是是否能够顺利地筹集到相关补偿资金和物资、是否能够顺利地将补偿资金和物资公平合理地分配到补偿对象手中、补偿资金和物资能否得到合理有效的利用、补偿资金和物资的使用能否产生明显的生态效益等。制定生态补偿效果评估标准一般可从政策效果、资金物资的投入量、公平性、充分性、经济、效率等方面考虑。

二是选择科学有效的评估方法。确定评估标准后,评估方法的选择便是整个补偿效果评价的关键。当前主要有三种常用的生态补偿效果评估方法:① 比较分析法,这是最基本的评估方法,是当前效果评估的基本思维框架,主要通过分析、比较生态补偿政策实施前后的变化情况来评价生态补偿政策的实施效果;② 费用效益法,该方法一般应用在政策作用结果的微观分析领域,主要以货币形式综合计算总效益、总费用和净效益;③ 问卷调查法,该方法主要通过访谈或问卷调查的形式了解人们的切身感受与体会,从而对生态补偿政策实施效果做出评价。

三是选择合理的评价指标。评价指标选取是否科学直接影响生态补偿效果评估结果的可靠性,因此,进行生态补偿效果评估时选取的评估指标应能够客观反映生态补偿政策的作用及所产生效益情况,整个评估指标体系应是相互联系又相互独立,而且能够进行量化处理的相关指标因子所构成的一个有机整体,各评估指标一般要具备完整性、广泛性、易获性、代表性、动态性、简洁性、公平性等特点。

6. 建立生态补偿资金效果评价、管理制度

一是进行生态补偿资金使用的财务分析与评价。财务分析是资金管理的组成部分和重要手段,为增强生态补偿资金的使用效果,管好、用好生态补偿资金,必须要对生态补偿资金使用计划编制情况,实际收入支出的增减情况、变化原因及使用情况,资金的结余等全过程进行分析,对资金的使用效果进行综合评价。通过分析,揭示资金使用过程中存在的问题,及时总结经验,制定改进措施,不断完善资金管理工作。

二是实施决算审计制度。初验结束后,单位应组织内部审计人员进行审计并对有关问题进行处理,在此基础上组织实施决算审计。对审计过程中发现的问题,严格按照有关规定进行处理、处罚,或提出处理、处罚意见。决算审计结束后,应及时将审计报告、审计意见书和审计决定等审计文件上报主管机构。

三是建立生态效益补偿后评估制度。由于生态补偿产生效益的长期性特点,当期验收合格并不意味着未来能够如期发挥效益,因此,后评估制度应该成为生态补偿资金使用效果评价的特定制度。要求严格按照"可行性研究报告"效益评价内容和补偿质量指标对该项目的经济效益、生态效益和社会效益进行考核评估,对发现的有关问题按规定进行处理、处罚,并提出建设后评估报告,报送有关部门。

第五章
青岛市饮用水水源地生态保护和生态补偿试点实施意见

为了加大对饮用水水源地保护区生态环境保护力度,促进保护区生态环境良性发展,切实保障饮用水源水质安全,根据《中华人民共和国水污染防治法》《中华人民共和国水污染防治法实施细则》等法律法规和国家环境保护总局《饮用水水源保护区污染防治管理规定》、青岛市人民政府关于进一步加强水资源保护工作的要求以及《青岛市生活饮用水源环境保护条例》(2002年)、《青岛市饮用水水源保护区划》(2014年),结合实际情况,对青岛市饮用水源保护区生态补偿提出如下实施意见,根据该实施意见,市财政局、环保局等相关单位根据各自职能,另行出台有关生态补偿专项资金使用管理办法、青岛市生态功能区规划等相关配套政策。

第一节　切实把饮用水源地保护区生态补偿作为建设新青岛、促进青岛可持续发展的重要保障

一、充分认识饮用水源生态保护及生态补偿在青岛经济社会发展中的重要性

水资源是基础性自然资源和人类生存的战略性资源,是一个国家或地区经济社会发展的基本条件。青岛市是我国严重缺水城市之一,人均占有水资源量和亩均占有水资源量仅分别为全国平均值的13%和15%。2014年9月,青岛市人民政府颁布了《青岛市饮用水水源保护区划》(青政发[2014]30号),根据"保护优先、保障安全、确保水质、兼顾水量、实用可行、便于管理"的原则,对有取水口的饮用水水源地划分了一级、二级保护区;对无取水口的饮用水水源地划分了二级保护区;根据流域范围、污染源分布及对

饮用水水源水质影响程度，必要时划分准保护区。划分的水源保护区范围限于青岛市辖区内。饮用水水源保护区划分范围共涉及全市67处饮用水水源地，其中地表水（水库、河流）饮用水水源地60处、地下水饮用水水源地7处，主要为《青岛市水功能区划》中具有饮用水水源功能且实际日供水量1 000吨以上的集中式饮用水水源地，实际共划分了160处饮用水水源保护区。

近些年来，青岛市相关部门也采取了不少措施，加大对水源地的保护。但水源地保护区周边污水管网缺失，污水收集储运设施不完善，农家宴排污监管存在漏洞，水源地保护依旧任重道远。各级党委、政府必须充分认识加强水资源和饮用水源保护、保障饮用水安全对于促进可持续发展、保障和提高人民生活质量、建设现代新青岛、实现青岛跨越式发展、全面建设小康社会的极端重要性，切实增强责任感和紧迫感，着眼于全市发展大局，从全面贯彻落实科学发展观的高度认识和思考问题，始终把饮用水源安全作为基本的民生问题对待，采取更加扎实有力的措施，切实搞好水资源和饮用水源保护，实现水资源的可持续利用。

二、指导思想

以党的十八大和十八届三中全会精神为指导，严格执行水资源保护法律、围绕保护水环境、保障饮用水源安全的目标，坚持以人为本、可持续发展战略，通过建立生态补偿机制，促进饮用水水源保护区生态环境建设和恢复，改善饮用水源水质，提高水资源的利用效率，切实保障饮用水安全。在保障水资源质量和可持续利用的同时，推进饮用水源区经济、社会、人口、环境的协调发展。

三、目标任务

通过建立水源地生态补偿机制，以推进生态市建设、统筹区域协调发展为主线，以体制创新、政策创新、科技创新和管理创新为动力，不断完善政府对生态补偿的调控手段和政策措施，充分发挥市场机制作用，动员全社会积极参与，确保青岛市集中式饮用水水源地水质达标率100%的目标，水源地生态系统良性循环，为促进青岛市经济社会可持续发展和构建社会主义和谐社会提供有力支撑。

四、保护及补偿范围

饮用水水源地保护区范围内的村（简称水源地村），是指对大中型水库所在（邻）村，以及淹地50%或搬迁人口50%以上的大中型水库移民村，由市政府依据相关规定批准认定。

第二节 加强饮用水源保护的工作重点

一、进一步完善饮用水源区保护制度

凡饮用水源都要设立水源保护区。水源保护区的设置和污染防治要纳入市、区（市）、镇（街道办）各级相关总体规划控制范围和水污染防治规划。严格执行已制定的

《青岛市生活饮用水源环境保护条例》(2002)、《青岛市饮用水水源保护区划》(2014年)。全面落实饮用水源保护区划定、水源保护、管理与监督、法律责任等规定。今后,设立饮用水源保护区、制定保护规章制度,要与饮用水源工程建设同步进行,尽早纳入法制化管理轨道,在保护区框架及保护规章制度规范下,切实做好饮用水源地环境保护工作,实现水资源的可持续利用。

二、调整饮用水源区产业结构和农业布局

(1) 调整产业布局。饮用水源区一级保护区域内严格实行"止耕禁养",恢复生态;二级保护区域内实施"农改林",重点发展经果林和水源涵养林,适度发展有机农业;三级保护区域内全面调整种植结构,实行测土配方施肥,推广有机生物肥和化肥用量少的作物种植,从根本上减少化肥施用量。到2016年,饮用水源一级保护区化肥施用强度每公顷等于或小于280千克(折纯用量),最大限度地减轻农业生产对饮用水源保护区生态环境的不利影响。

(2) 限制畜禽养殖。禁止在一、二级保护区内新建、扩建、改建畜禽养殖场(户),现有的畜禽养殖场(户)必须全部拆除关闭,但允许农户养禽在20只以下。

(3) 在饮用水水源一级保护区内,禁止新建、改建、扩建与供水设施和保护水源无关的建设项目;已建成的与供水设施和保护水源无关的建设项目,由各区(市)人民政府责令拆除或者关闭。禁止在饮用水水源一级保护区内从事网箱养殖、旅游、游泳、垂钓或者其他可能污染饮用水水体的活动。在饮用水水源二级保护区内,禁止新建、改建、扩建排放污染物的建设项目;已建成的排放污染物的建设项目,由县级以上人民政府责令拆除或者关闭。在饮用水水源二级保护区内从事网箱养殖、旅游等活动的,应当按照规定采取措施,防止污染饮用水水体。

(4) 实施"农改林"工程。水源一级保护区耕地实施"农改林",种植生态林和水源涵养林。2015年,重点完成青岛市水源地一级保护区内及主要入库河道两侧200米内耕地"农改林"任务;2016年,完成青岛市水源地二级保护区内耕地"农改林"任务;2017年,完成青岛市水源地二级保护区内耕地"农改林"任务。

(5) 发展有机农业。围绕发展精品生态农业,充分发挥饮用水源区生态环境优势,大力发展有机农业。通过引导土地使用权的合理流转,将土地使用权向从事有机农业生产的龙头企业集中,提升农业生产专业化、规模化、现代化水平。

(6) 推广测土配方施肥。2015年,推广测土配方施肥并结合饮用水源区"农改林"进程对实施规模进行调整;加大秸秆气化综合利用力度,到2018年,主城饮用水源区农田固体废弃物处理利用率达90%以上。

(7) 实行冬季休耕。从2015年起,在青岛市水源一级保护区实施冬季休耕工程,以后逐年扩大规模,覆盖全市饮用水源区。

三、全面截污

(1) 治污减污。按照饮用水源地保护区污水收集处理率达90%、二级保护区污

水收集处理率达70%、三级保护区污水收集处理率达50%的目标,加快污水收集处理设施建设,污水处理外排的废水水质必须达到《城镇污水处理厂污染物排放标准》(GB18918—2002)一级A标准,回用水的水质达到国家城市污水再生利用相应标准。污水处理后,要通过自然湿地过滤净化,再进入公共水域。

(2)实施清洁工程。按照农村生活垃圾减量化、无害化、资源化的原则,因地制宜建设饮用水源保护区垃圾收集、清运、处置系统。到2015年,水源保护区内生活垃圾收集处理率达90%,村庄生活垃圾收集处理率达80%。

(3)强化生态湿地建设。从2014年起,每年都要安排饮用水源区生态湿地建设项目,2015年12月以前,重点实施青岛市水源地一级保护区范围内生态湿地建设,在此基础上,逐年加快推进其他饮用水源区生态湿地建设进程。

四、加强生态环境建设

在饮用水源区内构筑"生态修复、生态治理、生态保护"三道防线。对水源区内水土流失严重区域实施综合整治,禁止开山采石、挖砂取土等各类破坏生态环境的行为。

(1)加大植树造林、退耕还林力度。一级保护区建设生态林;二级保护区发展经果林,增加水源涵养林。

(2)加大水土流失治理力度。以小流域为单元,山、水、田、林、路统一规划,综合防治水土流失,减缓水库泥沙淤积。

(3)全面推进饮用水源保护区农村清洁能源建设。实施以液化气、电、太阳能为主的水源保护区农村清洁能源建设工程,加大力度推进"一池三改",对有条件的村组鼓励实施集中供气,以解决水源区农户生活能源问题。从2015年起,力争用2~3年时间,实现主城饮用水源保护区内农户新能源替代全覆盖,进而覆盖全市所有饮用水源区。

五、强化饮用水源地监管

(1)建立和完善饮用水源保护的地方性法规、规章体系。围绕水环境与饮用水源保护面临的突出问题,结合实际,进一步制定和完善水源保护的地方性法规、规章,不断充实内容、细化措施,明确行政执法主体、理顺管理体制关系,使现行法规、制度更适应水源保护的需要。

(2)坚持环保优先:在做出发展决策时,优先考虑环境影响;在编制发展规划时,优先编制环保规划;在新上投资项目时,优先进行环保测评;在调整经济结构时,优先发展清洁产业;在建设公共设施时,优先安排环保设施;在增加公共支出时,优先增加环保开支;在考核发展政绩时,优先考核环保指标。建立健全饮用水源区项目审查制度和环境影响评价制度。在水源保护区内的新建、改建、扩建项目,必须经过水源管理机构审查批准;未经审查同意的,发改、规划、建设、环保、国土等部门不得办理立项和审批手续。

(3)建立健全综合执法体系。严格执行水源保护法律法规,加强执法队伍建设,加大执法监督力度,着力查处水环境违法违规行为,促进水资源、水环境的良性循环。着力解决影响水环境和饮用水安全的突出问题,维护人民群众的民生权益。

(4) 加强水资源的科学调度。科学确定主要饮用水源的合理流量以及水库和地下水的合理水位,建立政府调水协调机制,制订年度综合调水计划,科学调度,提高水体的自然净化能力。采取有效措施,防止地下水被污染,严禁回灌未经处理的污水。

(5) 建立和完善水质定期监测机制。完善地表水、地下水及工业污染源水源监测网络,严格执行国家水质监测制度,强化水环境监测信息共享机制,及时掌握水质变化情况,为治理、保护及时提供准确、全面的依据。定期监测水源地水质,由市政府批准发布水质监测信息。环保、水利、卫生、农业等部门应根据水质变化情况,及时向市委、市政府提出治理水污染的对策、措施、建议。

(6) 建立和完善水污染应急处理机制。编制科学可行的突发性水污染应急预案,建立快速、灵敏、高效的突发性水污染应对机制。建立技术、物资和人员保障系统,落实重大事件报告、处理制度,形成有效的应急救援机制。落实供水安全风险管理工作责任制,加强对应急管理工作的评价和考核。

第三节 加强组织领导

一、明确水源保护责任主体

饮用水源保护实行属地政府负责制。青岛市水利、环保、农业、规划、建设、国土、城管、供水、财政等部门依据各自职责,做好水源区保护工作。

各区(市)、镇(街道办)饮用水源的保护,由区(市)和镇(街道办)政府负责。要按照上述有关规定要求,落实配套措施,着力搞好辖区内饮用水源保护。

二、切实加强领导

市政府成立青岛市水资源保护管理机构,定编定员,统一协调和督促全市饮用水源区的保护和管理工作。各(区)市成立相应机构,负责本行政辖区内饮用水源区保护管理的协调和监管工作。各级各部门对市委、市政府下达的水源保护各项目标任务要层层分解,定性、定量、定人,各尽其责、通力协作、强势推进,做到层层有人抓、事事有人管、项项有指标、件件有落实。

三、多渠道增加饮用水源地保护及生态补偿的投入

水资源、水环境保护作为一项公益性、社会性的系统工程,要按照"在建设公共设施时,优先安排环保设施;在增加公共支出时,优先增加环保开支"的原则,调整财政支出结构,增加对城乡饮水安全和水源区保护治理的投入。建立水源保护专项资金,重点用于饮用水源保护。建立社会补偿机制,提高水资源费收取额度,适时推进以饮用水商品化为趋向的改革,增加的收入全部用于水源区建设。抓住国家扩大内需的机遇,争取将污水、垃圾处理等建设项目列入国家计划,积极争取中央、省级财政的资金支持;整合市级相关部门资金,涉及的部门应根据经批准的水资源保护规划及年度实施计划,在每年编列部门预算时,对水源保护项目优先安排和倾斜。拓宽融资渠道,对每年实施的建设

项目,具备融资贷款条件的,通过各区(市)融资平台公司贷款解决;各级收取的水资源费,全部用于水资源生态保护及治理项目,不得挤占和挪用。

第四节 强化目标考核

建立健全水资源保护工作目标责任制,把加强水资源保护作为地方和部门综合考核的重要内容,建立科学的考核评价体系。青岛市市委、市政府成立水资源保护工作督促检查考核组,组长由市纪委书记担任,副组长由市政府分管领导担任,市级有关部门领导为成员,负责对各区(市)水源保护工作的年度督促检查和考核,考核结果向社会公布。对按标准完成工作任务的,给予表彰和奖励;对非因不可抗力没有完成任务的区(市)和部门的主要领导、分管领导及有关人员,按照有关规定严肃问责。

下篇

青岛市大沽河管理模式研究

第一章
河流管理模式概述

河流在自然生态系统和国民经济运行中扮演着非常重要的角色,它不仅给人类提供了宝贵的水资源,也对自然环境起着重要的调节和改善作用。河流空间是一个复杂而又完整的系统,不单包括河床、堤岸等自身空间,也包括与其相关的滩地、湿地、坡地、地下水、植被、水生生物等自然元素。现实中,人类很多的掠夺行为破坏了河流的自然资源与生命力,河流退化已被公认是全球性的生态环境问题。河流流域资源的可持续发展成为关乎社会经济可持续发展的重要内容,研究当今国际上的河流管理模式及其发展趋势具有重要的现实意义。

由于自然、社会和经济状况不尽相同,各国对河流资源的管理体制并无统一的模式,通常可分为两种类型:集中管理和分散管理。所谓集中管理是由政府设立专门机构对河流实行统一管理,或指定某一机构对河流资源实行归口管理,由一个代表政府的机构来协调有关部门对河流资源的开发利用;分散管理则是由政府各有关部门按分工职责对河流资源分别进行有关业务的管理,或者将河流资源管理的权责交地方当局执行,国家只制定有关法令和政策。

第一节　分散管理模式

一、分散管理模式的概念、特点与优势

分散管理模式是最早的管理方式,具有相当长的历史。分散管理有两种概念,即管理职能的分散和地理空间的分散。前者指河流流域内农业灌溉、城市供水、水资源开发、防洪、污染控制由不同的政府部门管理;后者是指将河流按流经的行政区域划分,各区段的管理职能归所在地的地方政府,实践当中这两者经常是相互交叉的。

分散管理的优点是有利于发挥部门与地区的自主性、积极性,在一定的政治经济条件下,为河流资源的开发利用起到了某些积极作用。但这是早期人类对流域环境片面认识的结果,人为地将系统完整的水系条块分割。明显的缺点是,上、中、下游(或各区段)各有其主,上游的地理优势往往损害下游的利益;多部门、多层次的管理体制则容易形成

各自为政，只寻求局部利益最大化，无法兼顾流域其他部门或地区的利益，最后不可避免地导致部门或地方保护主义，造成利益冲突难于协调。这种管理方式不利于流域资源的合理利用、管理保护和统一调配，已被实践证明是落后的，越来越无法保障河流流域资源的可持续发展。

二、国际、国内河流分散管理的情况及存在的问题

世界上一些发达国家都经历过分散管理阶段。例如，英国水资源很长一个阶段是按行政划分流域管辖权。但1973年通过的水法改变了这种管理方式，实行按流域（或联合附近几个小流域）分区管理，最后把英格兰和威尔士划分为10个水务局。流域内不再按过去的行政划分和受其管辖权的限制，每个水务局对本流域与水有关的事务全面负责、统一管理，取得了显著成效，现已由过去的多头分散管理基本上统一到以流域为单元的综合性集中管理，逐步实现了水的良性循环，促进流域经济和社会的繁荣发展，被称为英国水管理的"现代革命"。还有其他一些国家也经历了从地方分散管理到流域统一管理的历史演变。

我国现行的河流管理体制，是一种流域管理与行政区域管理相结合的体制，本应是以流域统一管理为主，以区域行政管理为辅。但由于流域分属不同行政辖区，流域的管理权力基本上被各地区分割，事实上形成了以河流流经各行政区域管理为主，各有关管理部门各自为政、条块分割的状态。流域管理机构实际权力很有限，很难在全流域范围内统一指挥、调度、合理调配资源。这种条块分割、多龙管理的体制是导致我国流域资源效益劣化的一大主因，严重浪费了我国本来紧缺的河流水等自然资源，很难贯彻执行河流资源可持续利用的原则，是目前我国河流保护与管理面临的主要困难。从1998年长江流域特大洪涝灾害、2006年松花江特大水污染等事件中，都集中暴露出了这种管理方式的弊端。

第二节 集中管理模式

一、集中管理模式的概念、特点与优势

随着经济社会的发展，很多国家的河流管理逐渐趋向于集中管理。集中管理方式是由政府设立专门机构对河流资源进行统一管理，或由政府指定代理机构。这种管理方式，强调将流域视为一个整体单元，对包括河流上中下游、两岸、地表水与地下水、水资源、水土保持、湿地、林木植被、生物资源以及堤坝等河流工程的一体化管理。

集中管理的优势是避免了多头领导，由独立的流域管理机构进行政策、法规与标准的制定，并负责流域资源开发利用所涉及的各部门、各地区间的利益协调。这种管理体制有利于流域资源统一规划、统一经营、统一管理，易于方案的实施和政策的推广。集中管理并非一种简单的集权式管理方式，而是兼顾多方利益与河流资源本身的复杂性，其实质是一种流域综合管理概念。

流域资源综合管理的理念是在《都柏林原则》和1992年联合国环境与发展大会通过的《21世纪议程》的精神指导下提出的。它的表述如下：水资源一体化管理，是以公平的方式，在不损害重要生态系统可持续性的条件下，促进水、土及相关资源的协调开发和管理，以使经济和社会财富最大化的过程。简言之，就是在经济发展、社会公平、环境保护三者间寻求平衡。其核心是提高水资源的利用效率，合理确定河流开发的限度，充分考虑维护河流的健康和可持续性。

实行流域一体化管理是当前国际河流管理的普遍趋势。国际上发达国家和地区，特别是欧美日的河流在城市发展过程中经历了从污染到治理，再到生态恢复和建设的过程，在河流整治和管理中经历了管理观念上的转变，即从改造自然、征服自然向遵从自然、适应自然的转变；在实践过程中经历从水质管理向水量管理、从单一目标向多目标、从静态向动态的转变。

特别是进入21世纪后，河流管理的概念开始从河流自身的综合管理向流域综合管理转变。流域管理、可持续管理、动态管理是目前国外河流管理三大主要理念。

流域管理不是水资源、水环境、水土保持、湿地保护、林草恢复等要素管理的简单叠加，而是基于生态系统方法、由利益相关方参与，打破原有的部门管理和行政管理的界限，在流域尺度上，通过跨部门和跨地区的协调管理，合理开发、利用和保护流域资源，最大限度地利用河流的服务功能，实现流域的经济、社会和环境福利的最大化。各国为实施流域管理颁布了专门法规，如美国的《田纳西河流域管理法》《下科罗拉多河管理法》，西班牙的《塔霍—赛古拉河联合用水法》，日本的《河川法》，英国的《流域管理条例》等。还有大量规定分散于各个有关的水法规中，如《欧洲水宪章》、英国《水法》、法国《水法》、西班牙《水法》等，均明确规定水资源应以自然流域为基础、按流域建立恰当的水资源管理机构来进行统一管理。

可持续管理由流域管理发展而来，其内涵和外延更为广泛，涉及流域内可持续发展的生态、社会、经济和道德等方面内容。

动态管理是指河流管理行为不应是一成不变的，而是依据经验教训不断加以调整，即管理方案是动态的。各国的经验表明，可持续流域管理需要充分运用"预防优先"的原则，预防比治理更好。否则就意味着将来的高额修复费用，并且有可能形成恶性循环，最终导致更高的洪水风险、管理成本和更严重的流域生态系统退化。

二、国外河流集中管理情况及典型案例

最早出现的流域资源集中管理机构是美国的田纳西流域管理局（TVA）。在20世纪初期，美国的河流管理类型属于分散型。随着水利工程的不断增加及综合多目标开发水资源构想的提出，美国政府决定选择田纳西河流域进行以流域综合开发为主体的试点工作。当时的田纳西流域由于长期缺乏治理，森林破坏、水土流失严重，经常暴雨成灾、洪水为患，是美国最贫穷落后的地区之一，人均收入约为全国平均值的45%。政府制定了《田纳西河流域管理法》，其目的是改变流域的经济发展。1933年国会通过法案，成立田纳西河流域管理局（TVA），授予其全面负责该流域内各种自然资源的规划、开发、利用、

保护及水利工程建设的广泛权力。TVA 既是联邦政府部一级的机构,又是一个经济实体,具有相当大的独立性和自主权。之后的 70 多年当地发生了根本变化,居民的经济收入增加了几十倍。在开发初期管理局以解决内河航运和防洪为主,结合发展水电,后来由于电力需求的增长,又大力发展火电和核电,并开办了工程建设,在防洪、航运、发电、工业、林业、农业、渔业和旅游业等方面,均取得了巨大的经济效益,成为美国河流流域综合开发的一个典范。事实上,管理局的管理范畴已经远远超出了水资源管理的范畴,它属于以流域为依托,进行自然、社会和经济等方面的综合开发和治理的机构。印度、墨西哥、巴西等发展中国家都建立了类似 TVA 的流域管理局。

经过多年的探索,世界上已有不少流域综合管理的成功案例。除美国田纳西河以外,还有澳大利亚墨累—达令河、英国泰晤士河,以及法国的河流管理制度等,均为我们提供了宝贵的参考。

1. 澳大利亚墨累—达令河

墨累—达令河是澳大利亚最大的河流,全长 3 750 km,流经东南部新南威尔士等四个州,共有 20 多条支流、地下水系。流域面积 106×10^6 km²(约占全国 1/7),流域大部分区域地势低平,降水量变化较大,总体降雨量偏少,年均 425 mm,仅为全国年均降水量的 6.4%,径流总量 227×10^8 m³。流域水资源主要用于灌溉、供水及提供电力,全国用水 75% 都发生在该流域。流域面临的主要挑战是:地理和行政区跨度大,流域四个州的自然地理、水资源分布格局、社会经济状况复杂,各地区、部门间协调问题较多;干旱;土地与植被退化、河流环境恶化等导致水资源不合理和低效率利用。墨累—达令河的管理在世界上享有盛誉,解决方案的关键是其基于流域尺度的一体化管理。管理过程中十分突出流域各州间的协调配合,强调流域整体管理目标。联邦政府与四个州政府达成协议,设置部长理事会、流域委员会、公众咨询委员会三层组织管理框架(图1)。部长理事会是最高决策机构,成员是联邦政府和流域四州负责土地、水及环境的部长,任务是将整个流域作为一个整体,宏观调控,总体上进行各项制度和政策制定;流域委员会是执行机构,由流域各州相关部门司局长或高级官员组成,每州 2 名,主席由部级理事会指派,实现政策执行的公正和透明;公众咨询委员会的职能是咨询协调,广泛的公众参与,沟通管理的决策层和执行层,协调各主体之间的利益与责任。三层之间协调配合,达到流域管理的最优化,从而实现流域整体管理的目标。墨累—达令河流域管理成效显著,突出体现在以市场化手段实现了水资源合理优化配置。流域在国家水改革框架下,建立水市场,制定水价,进行水权交易,实现总量控制目标。主要措施有"封顶"原则,根据各地的来水、用水记录、土地等确定用水上限,并预留生态用水;其次是"水权市场交易",通过立法,水权拥有公司或农牧场主可以买进或卖出多余的水权,管理机构控制水权交易量,尽量接近水源地供水目标。这些手段使水资源的使用成本和价值受到重视,有利于实现流域水资源的合理配置和可持续利用。

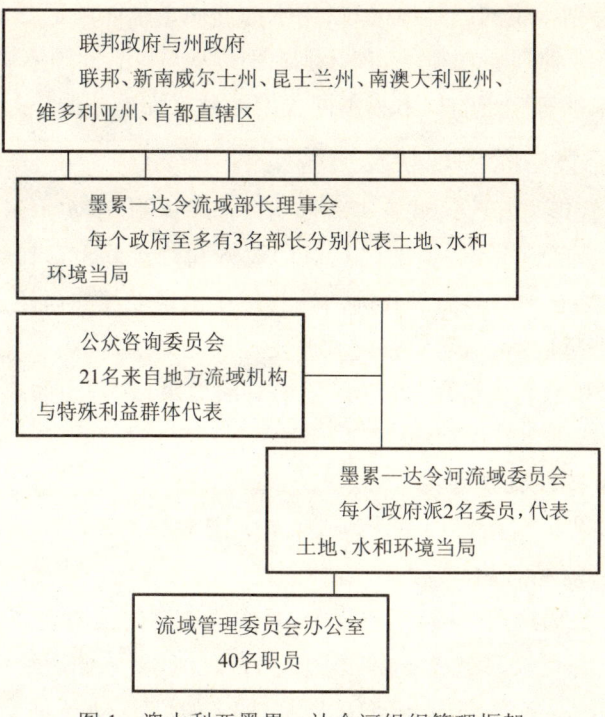

图 1 澳大利亚墨累—达令河组织管理框架

2. 英国泰晤士河水务局

英国从20世纪60年代起开始改革水资源管理体制,改河流局为河流管理局,在英格兰和威尔士共设29个河流管理局和157个地方管理局。到20世纪70年代进一步对水资源实行集中管理,把这些管理局合并为10个水管理局,每个管理局对其管辖范围内地表水和地下水、供水和排水、水质和水量实行统一管理。为增强管理的集中性,1973年英国也成立了国家水理事会,负责全国水资源的指导性工作。

在水管理局中,1974年成立的泰晤士河水管理局规模最大、职能最全,是一个综合性流域管理机构,负责流域统一治理和水资源统一管理,包括水文站网业务,水情监测和预报、工业和城市供水、下水道和污水处理、水质控制、农田排水、防洪、水产养殖和水上旅游等。河流水管理局的财政收入主要来自水费和排污费的收取,以及农田排水、环境服务、旅游业等综合经营收入等,政府只在防洪工程方面拨款,但比例不大。由于经济独立,有较大自主权,水管理局在执行管理水资源职责时不受地方当局的干涉。英国实行的这种综合性流域管理比较成功,许多国家都在效仿,而泰晤士河是世界上实行流域管理最为成功的例子。

3. 法国流域管理委员会

法国于1964年颁布了水法,建立起高效率的水资源管理系统。这个系统被誉为世界上比较好的水资源管理系统之一,其显著特点是将全国按河流水系分成六大流域,成立流域管理委员会。首先将河流当作水的汇集系统,实行整体管理,以河流流域面为单位,而不是按行政区进行管理。由于运用了这个系统,法国河流的生态状况有了显著的改善,甚至在人口特别密集的巴黎地区,饮用水源的质量也能满足要求。

流域一体化集中管理还在荷兰、匈牙利、德国等一些欧洲国家普遍实行,尽管在职能上不尽一致,但都拥有广泛的权力和不同程度的独立性。

三、国内河流集中管理现状及典型案例

我国的"流域管理与行政区域管理相结合"管理体制,事实上形成了以地方行政区域管理为中心的分割管理状态,受部门利益和地方利益双重因素制约,高效率流域管理的运行机制未能建立起来。但面对我国河流管理中出现的严峻问题,为解决水资源使用效率低下、水环境严重破坏、治污管理财政开支巨大等矛盾,国内一些地方也在探讨实行河流流域集中管理和市场化运作,并取得了很好的效果,这方面的典型例子是辽宁省辽河、西安市浐灞河、成都市府南河等。

1. 辽宁省辽河保护区管理局

辽河是中国东北地区南部的最大河流,是中国七大河流之一。发源于与辽宁省交界的河北省平泉县,流经河北、内蒙古、吉林和辽宁四个省区,在辽宁省盘山县注入渤海。全长1430千米,流域面积22.9万平方千米,是中华文明的发源地之一。

辽河全流域由两个水系组成:一为东辽河、西辽河,于福德店汇流后为辽河干流,经双台子河由盘锦盘山县入海,干流长516千米;另一为浑河、太子河于三岔河汇合后经大辽河由盘锦、营口两市分界处入海,大辽河长94千米。

辽河流域面积在辽宁省的部分最大,处于辽河中下游,为6.92万平方千米,全长538千米,穿流辽宁省四个市,因此,辽河被称为辽宁的"母亲河"。

辽河属于季节性、受控型河流,水资源匮乏,枯水期河道内基本无自然径流。20世纪末,由于沿岸城市高度密集,沿河两岸工业集中、排污量大,让辽河成了一个巨大的"臭水沟"。1996年,辽河污染程度曾列全国七大江河前列,为中国污染最重的河流之一。河中鱼类等生物无法存活,河水无法用于灌溉,更无法供人畜饮用,这种情况引起各级政府部门的重视。

辽宁省自1993年起开始了辽河水污染防治工程,依法严厉打击未达标准的排污单位。虽然水质恶化的势头得到一定遏制,干流水质明显改善,但仍无法保证全年指标达到Ⅴ类以上,水土流失严重,被称为辽宁中南部的风沙走廊。辽河水清岸绿还任重道远。

为了找到制约辽河治理的关键所在,辽宁省政府组织有关部门进行了深入的调查。研究发现,流域管理除了法律政策、资金投入、技术支撑之外,一个很重要的问题是体制不顺,存在着"九龙治水"现象。针对辽宁流域的管理,共有省水利厅、环保厅、国土资源厅、交通厅、农委、林业厅、海洋与渔业厅七个部门参与其中,"分门别类"进行管辖,七大部门的职责范围常互相交叉,存在严重沟通不畅的问题。政府决心从根本上改变"多龙治水、分段管理、条块分割"的传统模式,谋求辽河流域经济社会可持续发展。

2010年年初,辽宁省以辽河干流河道管理范围为主题,划定"辽河保护区",于5月15日正式设立专门管理机构——辽河保护区管理局,并以立法形式确立。辽宁省十一届人大常委会第十九次会议审议通过了《辽宁省辽河保护区条例》,于12月1日正式实

施。同时设立省公安厅辽河保护区公安局,实行省公安厅和辽河保护区管理局双重管理。

根据定职责、定机构、定人员编制的"三定方案",辽河保护区管理局为正厅级建制,省政府直属事业编制。管理局作为流域专门机构,管理辽河保护区,推进辽河治理保护工作。其职责是拟订保护区管理的地方性法规、规章草案;编制保护区保护规划、土地利用规划、河道治理规划等,并组织实施;协调处理保护区内跨地区水事纠纷和环境污染等问题;组织开展保护区内违法违规建房及其他建筑物的清理拆迁工作;实施对保护区内水质、水量和污染物排放的监督管理,审定水域纳污能力,提出限制排污总量意见和污染防治方案等。

成立辽河保护区管理局后,原辽宁省水利厅、环境保护厅、国土资源厅等七部门承担的关于辽河保护区的相应职能均划归辽河保护区管理局,由一个部门来执行,成功搭建了同心、同向、同力的工作平台,使辽河治理和保护工作由长期以来的多部门上下游分段管理、条块分割向统筹规划、集中治理、全面保护转变。解决了过去想把辽河管好、但管不了的问题;解决了统筹上下游、左右岸的问题;解决了明确责任、提高效率的问题,解决了"多龙治水难治本"的痼疾,标志着辽河由此进入了依法、有序、科学管理新时期。

辽河保护区管理局从2011年起,对辽河两岸千米范围内进行生态封育,退耕还河,把河滩地以每年每亩600元的价格从农民手中"回租",让辽河休养生息。目前,辽河干流两岸植被覆盖率从13.7%达到63%,下游近年污染状况明显改善,碧水工程使河水清了,彻底消灭了劣五类水质。

辽宁省对辽河干流"划区设局"的集中式管理,属全国首创,是河流治理和保护的思路创新和流域管理体制上的新突破,得到了国家环保部的高度重视。2011年2月,辽河保护区管理局被国家环保部列入直接对口指导的省级环保机构序列。

2. 西安浐灞河综合治理开发建设管理委员会

浐灞河流域位于西安市东南部,南依秦岭山地,北连渭河平原,总流域面积2 581 km^2,其中山丘区面积1 980 km^2,平原区面积601 km^2。浐灞河是西安重要的水源地和生态依托,也是西安的母亲河、生命河(与大沽河之于青岛极为相似)。但近年来,过度密集的人口、对流域资源的掠夺,使浐灞河床严重下切,尤其是多年开采河沙,造成地质灾害隐患严重,致使桥梁垮塌。工业污水、生活废水加剧了河流的污染;断流期年均达120天,最多达250天,汛期时灾害频发。

为改变浐灞河的河道状况与生态环境,陕西省于2004年9月成立了西安市浐灞河综合治理开发建设管理委员会,统筹浐灞河的综合治理。将浐灞河流域综合治理和开发建设作为推进西部大开发、建设生态工程的一项重大举措,力求通过实施这一工程,增强西安市防洪能力,拓展发展空间,加快城市化进程,提高城市品位和综合竞争力,促进该区域经济社会全面发展。

浐灞河管委会是西安市政府直属事业单位、局级建制。在建设区规划范围内行使市级相关经济管理权限,独立行使浐灞河流域的开发、建设、综合治理和管理职能。管委会直属的西安市浐灞河发展有限公司(简称浐灞发展公司)于同年11月成立,是国有独资公司,注册资本2.1亿元人民币,行使区域内开发、融资、建设、经营,拥有和行使国有法人资产权、开发建设浐灞生态区的主导平台、投融资平台和城市运营平台,承担着浐灞河道治理、基础设施建设及经营、房地产、旅游和商业项目开发等多项任务。

2008年3月,浐灞发展公司结束了"政企合一"体制,从管委会母体分离,明确定位为城市综合运营商。先后规划开发建设了西安金融商务区、商贸园区、经济园区和国家湿地公园等重大板块开发项目,完成道路及主干道建设、修建管线、跨河桥、区域路网,实现了与西安主城区的全面对接。成功修建河道一级堤防50 km,新建橡胶拦水坝4座,累计形成水面近17 000亩,形成绿化面积7 000亩,浐灞河流域由重灾区变为生态补偿区,成为西安市名副其实的"绿肺",成功举办了2011西安世界园艺博览会。公司至今已发展壮大为拥有9家子公司和控股公司的大型企业,2011年资产已达到52亿元。

浐灞河的综合开发及企业市场化运作成效卓著,其具有中国特色的流域集中管理在国内有很强的代表性。

3. 成都府南河综合整治管理委员会

成都市府南河又称锦江,全长97.3 km。20世纪70年代,都江堰关闸,府南河断流,城市化进程的加快,城市规模扩大,人口膨胀,农业和工业用水急剧增加,河流不堪重负,府南河变成了藏污纳垢的臭水沟。1994年,成都市全面启动综合整治工程,综合整治包括防洪工程、环保工程、绿化工程、道路管网工程。

成都市人民政府1996年第57号令规定:"对府南河区域统一整治、统一开发、统一管理"。专职管理机构是成都市府南河综合整治管理委员会,组织制定有关府南河区域整治、管理维护、开发利用的计划、方案、标准及相关制度,并负责对府南河区域管理工作的组织协调,管理委员会办公室是办事机构,负责具体工作,下设综合处、工程处、开发利用处、管理处、宣传处、计财处、旅游航运公司;同时,规定建管、规划、国土、园林、旅游等有关部门必须行使的管理职能,以及奖励和处罚等。

府南河流域的航运、旅游景点、商业网点、户外广告、车船港站、房地产开发等项目已经运作多年,在流域资源市场化运作方面已有非常成熟的经验。该河现在已成为成都市的一大景观。

以上国内几条河流虽然管理方式各有特色,但都是打破了行政区域的界限,由独立机构进行统一管理维护和运营,所以都属于集中管理。

四、集中管理与维护要解决的问题

实现流域集中管理是一个复杂的系统工程,需要综合运用法律、行政、经济等手段。

首先,要以法律形式明确流域管理机构的地位、职责、权力、与地方的关系、组织架构;其次,建立、发展、完善与流域集中管理职能相适应的管理运行体制。从世界其他国家的实践中可以看到,各国在流域综合管理中,都注重建立一种政府各有关部门、地方政府、用水户广泛参与的民主协商机制,集中与分权相适应,而不是大一统的权力垄断。但在权力交叉中,要明确确立流域管理机构的领导地位。在赋予管理机构很大行政管理权的同时,还要给予相当的自主权。

对于我国来说，实行流域集中管理，一个特别需要解决的问题是打破旧有分散管理形成的利益格局。由于各级政府在市场上也是一个"经济实体"，在地方经济利益的驱动下，势必会利用其行政区域管理的权力，最大限度地占有、利用、开发流域内的资源；也就势必会对流域统一管理产生不同程度的抵触。因此，实行集中管理，借鉴国外成功的流域管理经验，应通过协议等方式，强化流域管理机构的职能，加强流域尺度管理。

其次，流域集中管理要运用市场机制和经济手段有效配置流域资源，坚持可持续发展战略。针对我国市场化管理制度不足的问题，对我国的流域管理进行全面的水市场化改革，将合理的市场化管理手段应用于具体的流域水管理工作中。要按照流域资源和利益相关者从整体上进行通盘考虑，将流域资源开发、利用与保护进行经营运作，按照"污染者付费""使用者付费"的原则，运用市场化手段经营流域，提高管理效率。流域的公益性用途不能完全依靠政府投入，而要依靠社会的支持保护流域地区的生态环境和资源可持续利用。应建立供水和污水排放统一的管理和收费体制。流域水资源应由政府统一征收，与取水证审查、年审制度同步进行，纳入政府财政计划，收入主要用于流域资源的监测、规划、保护和管理，逐步建立完善流域水权交易市场，实现流域水资源的高效配置。

第三节　集中管理与分散管理对比分析

河流分散管理体制突出了各流经区域行政部门的管辖地位，各司其职，责任明确，分解了整个河流管理工作量，也能提高地方政府和各管理部门的积极性。但根据我国现行的《水法》，水行政隶属于地方行政，行政区划就是水权地界，造成了河流、水系在地理上被"腰斩"，这种做法违反了自然规律。水管理机构受行政权控制，要为地方服务，再加上各功能性管理部门的权力交叉，相互纠缠，各部门、各地区之间争夺资源的矛盾和冲突严重，河流管理效率低下，难以维系流域资源的可持续发展。

世界上许多国家都在流域水资源管理方面进行了长期的探索和努力。实践证明，以流域为单元的统一集中管理为最好。流域管理和流域立法已成为国际普遍趋势。流域是以自然的水文地理进行划分的一个完整区域，同一流域的水资源有其密切相关、互相联系的规律。水资源在同一流域的社会经济生活中，也有密不可分的关系（表1）。

表1　河流分散管理与集中管理的比较

对比内容	分散管理	集中管理
流域机构	非真正的管理机构，仅有限的监控权和执行权。	全流域范围内进行合理调配，依法统一指挥调度。
管理方式	以流域各行政区域管理为主的分割管理。	流域综合规划管理。
管理效果	片面追求短期利益和地方利益，导致地方保护主义盛行。各行政区水资源利用取向均是最大限度地为本地区谋利，上下游缺乏一致的目标。	进行涉及全流域整体利益的管理，统一和协调流域内各个行政区域之间的水资源开发利用、保护与管理，符合流域整体利益。

续表

对比内容	分散管理	集中管理
管理协调性建设实体性	流域的各地方政府为了本地方的利益,势必会对流域水资源的开发、利用和保护方面的统一管理产生不同程度的抵触,而不会主动从整个流域利益的角度来制定政策。	偏重于从整个流域的角度来从事各种活动,能够做出统筹合理的布局安排,在建设上有时间、时序统筹和规模配合。
信息采集	信息采集、编制口径不一致,限制了信息数据的共享性。	跨地区、跨部门间形成信息共享,使新技术在全流域间推广运用。
流域规划监督	没有明确监督主体单位,部门和地方流域规划观念淡薄。	有机的、整体的流域水资源一体化管理,具有一定监督机制的约束。
污染治理	割裂了水资源利用和水环境保护之间的内在联系,降低了管理效率。	对流域水资源实行统一管理,有利于建立流域排污总量控制方案。
防洪及水资源保护	多头管理使流域内洪水的防洪调度、河道建设与管理缺乏统筹安排。	形成建立在水环境承载能力基础上的统一性水资源保护规划。
投资效益	投资分散,难以发挥综合效益。	可形成全局性的建设合力,提高投资的社会、经济和环境效益。
管理维护标准	各自为政,制定各类法规和管理标准。	具有后期保护、维修和合理配置的统一标准,高效利用、切实保护。

各国的流域管理体制之间存在很大差异,但总的来说,河流管理已从各自为政的行政区域管理向尊重水资源自然特性的流域管理发展,从多部门间的分割管理向以一个部门为主导与多部门合作管理相结合的模式发展。目前,由政府成立一个流域管理机构,对河流实行一体化集中管理,已成为国际先进的河流管理范式,这也应该是解决我国日益严峻的河流资源环境问题的重要途径。

流域管理的实施必须以法律作为保障,只有将流域管理置于法制的基础上,流域管理的各项措施才能得到切实保障,达到流域管理的目的。各国在建立了流域集中管理机构的同时,都制定了相应的法律法规。

第二章 大沽河综合治理基本状况

第一节 大沽河概况

　　大沽河是胶东半岛最大的河流,也是入胶州湾最大的河流,发源于烟台市招远阜山西麓,流经招远、莱州、平度、莱西、即墨和胶州等地,全长 179.9 km,于胶州市河西屯的码头村进入胶州湾。流域总面积 6 131.3 km^2,其中,青岛境内面积 4 781 km^2,覆盖青岛近一半的市域面积,因此被称为青岛的"母亲河"。流域海拔高程为 $-6\sim639$ m,干流平均比降 0.61‰。大沽河流域北部为山区和浅山丘陵区,南部为山麓平原和平原洼地,地势北高南低,地形坡度由北向南逐渐变缓。流域内山区、丘陵区、平原区、洼地分别占流域面积的 11.4%、34.5%、36.8% 和 17.3%。大沽河流域在青岛境内有 51 个镇(或街道办事处)村庄 2 531 个,总人口 240 万,约占青岛人口的 27%。大沽河干流沿岸共有 27 个镇(或街道办事处),村庄 1 480 多个,人口 137 万,占流域范围总人口的 57%。

　　大沽河是半岛地区较大水系之一,平原区地下水源地总面积为 421.69 km^2,河宽 $100\sim200$ m,大支流众多,流域的水量丰富,河水季节性强,夏秋洪水暴涨。流经区内的莱西、平度、即墨、胶州等有小沽河、洙河、五沽河、南胶莱河、芝河、落药河、流浩河等支流,直接汇入大沽河道。

图 1　大沽河旧貌

大沽河湿地是青岛市最大的河流湿地,面积约为 3 104 km², 跨莱西、平度、即墨、胶州、城阳等区市。湿地土壤主要由潮土类和盐土类组成,适宜种植各种农作物。大沽河湿地的生物物种非常丰富,拥有多种珍稀物种,是水鸟的重要繁殖区、越冬区。目前,已记录 106 种水鸟,其中列入国家重点保护的有 21 种。每年在此过境和越冬的水鸟达数百万只,其中雁鸭类 2 万只。同时滩涂渔业资源久负盛名,春秋两季产卵的鱼类有近百种。另据调查,在大沽河两岸的平原地带生长着节骨草、三棱草、白茅、爬蔓草等 20 余种湿生植被;在盐碱滩和入海口周边及河床,生长着碱茅、碱蓬、柽柳等耐盐碱植物。但自20 世纪 70 年代以来,随着经济的发展、城市不断扩容造成工农业用地短缺,导致盲目开垦,大沽河湿地迅速减少,湿地功能不断下降。多处拦河蓄水,径流量大大减少,下游海水倒灌,数千亩粮田成为盐碱地。湿地周边土壤含盐量不断升高,植被越来越少,水土流失严重,最后退化为河口光滩。

大沽河是青岛市最大、最稳定的水源地。通过修建水库与橡胶坝改变大沽河地表径流状态,蓄水能力可以达到 3.7 亿 m³。在中上游建有水库 13 座,引河灌区 4 个。其中位于莱西市境内的产芝水库(莱西湖)是大沽河流域最大水库,其汇水面积为 879 km²,最大水面积 56 km²,总库容 4.02×10^8 m³。流域内还有其他小水库 90 余个。

大沽河流域沿岸是青岛市的主要粮食、水果和蔬菜的生产基地,但受地理位置、历史沿革等诸多因素影响,两岸经济发展还相对落后。大沽河流域内的工业主要分布在莱西、胶州市区、城阳区的西部以及南村、南墅、李哥庄、姜山和华山等五个重点中心城镇。大沽河流域主要的第三产业是果蔬批发和贸易,其他的,如商业贸易发展一般,主要以满足当地村民生活生产为主。另外,大沽河流域范围内的自然风景和人文古迹等旅游资源丰富。虽然有这些丰富的资源,但大沽河的生态功能未能得到有效发挥,旅游业发展刚刚起步,旅游资源尚未得到有效开发。

第二节　大沽河综合治理工程的实施

2011 年中央 1 号文件和中央水利工作会议强调,水利是现代农业建设不可或缺的首要条件,是经济社会发展不可替代的基础支撑,是生态环境改善不可分割的保障系。加快水利改革发展,不仅关系到防洪安全、供水安全、粮食安全,而且关系到经济安全、生态安全、国家安全。党的十八大把生态文明建设放在突出地位,纳入中国特色社会主义事业"五位一体"总体布局,明确提出了全面建设社会主义生态文明的目标任务。

为落实中央 1 号文件和中央水利工作会议精神,更好地保护和利用大沽河,全面提升大沽河对全市经济社会和生态环境可持续发展的支撑力、保障力和拉动力,推进城乡发展、加快沿河区域和现代农业发展,青岛市从 2012 年 2 月起实施了对大沽河全流域综合治理。

这项重大战略工程历时 2 年多,自始至终是以"世界眼光、国际标准"规划完成的,其规模之大、标准之高、周期之长,都居青岛水利史之首。工程目前已基本完工,实现了大沽河洪畅、堤固、水清、岸绿、景美的目标，河流及两岸整个面貌焕然一新，堪称是一项功在当代、惠及子孙的民心工程，是给青岛人民留下的宝贵财富，形成完整的防洪安全保障体系、水资源调配体系、护岸工程、道路交通设施、自然生态景观。

图 2　大沽河综合治理效果图

第三节　大沽河综合治理的财政投入及形成的国有资产

一、各级财政资金投入情况

为了大沽河资源的保值增值和长期可持续发展，必须对此次治理工程的资金投入、形成的国有资产情况进行全面统计和清点，以便为今后的管理维护及资源运作提供依据。此次大沽河综合治理，资金投入的主体为市财政＋区市财政的模式，只有堤顶道路采用 BT 模式筹集资金。所涉及的事权部门较多，有市水利局、交通委、林业局及莱西、平度、即墨、胶州、城阳、红岛几个区市。

据统计，大沽河综合治理工程费用总投入约 62 亿元（不包括拆迁补偿等方面区市投入资金）（表1），其中：水利工程投入 36 亿元、占 58%，资金主要用于堤防工程、拦河闸坝工程、数字大沽河工程等；林业工程投入 13 亿元、占 21%，资金用于堤顶道路、照明、隔离栅；交通工程投入 13 亿元（BT 模式）、占 21%，资金用于堤顶路桥工程建设。如考虑各区市拆迁补偿等方面资金及资源投入，据估算，此次综合治理实际投入将超过 100 亿元，耗资之大在青岛水利史上是前所未有的。

表 1　大沽河综合治理工程建设资金投入情况统计

单位：亿元

类别 \ 投资方	堤防工程	拦河闸坝	堤顶道路	堤顶绿化	堤顶照明、隔离栅	数字大沽河	卫生、垃圾桶等附属设施	服务区	总计
市财政	27.35	5.54		6	1	2.2	0.345	0.7	43.135
BT 模式			13						13

续表

类别\投资方	堤防工程	拦河闸坝	堤顶道路	堤顶绿化	堤顶照明、隔离栅	数字大沽河	卫生、垃圾桶等附属设施	服务区	总计
莱西市									
平度市									
即墨市				6					6
胶州市									
红岛、城阳区									
主管部门	水利局	水利局	交通委	林业局	林业局	水利局			
总计	27.35	5.54	13	12	1	2.2	0.345	0.7	62.135

二、综合治理后国有资产情况

1. 原有国有资产

大沽河原有国有资产主要包括拦河闸坝(表2),共11座,其中移风拦河坝在此次综合治理中进行了翻新,投资额为建成年代的耗资。

表2 大沽河原有拦河闸坝情况

名称	型式	建成年代	总投资(万元)	管理单位
上海路橡胶坝工程	冲水式橡胶坝	2005	1 395.24	莱西市水利局
江家庄橡胶坝工程	冲水式橡胶坝	1998	1 087.26	莱西市水利局
沙埠橡胶坝工程	冲水式橡胶坝	2007	1 633.29	莱西市水利局
崖头橡胶坝工程	冲水式橡胶坝	1999	2 094	平度市水利局
贾疃橡胶坝工程	冲水式橡胶坝	1999	1 560	胶州市水利局
南庄橡胶坝工程	冲水式橡胶坝	2002	3 650	胶州市水利局
袁家庄橡胶坝工程	冲水式橡胶坝	2001	2 216.08	大沽河管理局
沙湾庄橡胶坝工程	冲水式橡胶坝	2001	2 261.7	大沽河管理局
城子河拦河闸工程	五空钢板闸	2007	500	大沽河管理局
移风拦河闸工程	护镜式拱形闸门	1996	510	大沽河管理局
岔河橡胶坝工程	冲水式橡胶坝	1997	712	即墨市水利局
总计			17 619.57	

2. 新增国有资产

大沽河综合治理后,新增国有资产包括新建拦河闸坝、堤防(含堤防排水沟、涵闸)、绿化带、堤顶道路、隔离栅、照明系统、卫生设施、服务区等(表3)。

表3 大沽河综合治理后国有资产统计

序号	项目	具体情况	资产额(亿元)
1	拦河闸坝	新建(含改扩建)9座	5.54
2	堤防	229 km	27.35
3	堤防排水沟	纵横排水沟258.42 km	
4	堤防涵闸	121座	
5	堤顶绿化	总面积1 205万 m²	12
6	堤顶道路	217.3 km	13
7	隔离栅	230 km	1.0
8	照明	路灯总量5 235盏	
9	卫生设施	沿岸公共卫生间、垃圾桶等相关设施	0.345
10	服务区	游客公共服务区、生态停车区、游客转乘区和后勤服务区13处	0.7

图3 桃源河大桥效果图

图4 移风拦河闸效果图

第四节　大沽河综合治理后的功能区划

一、规划原则

1. 提升标准、保护优先

提升沿河堤坝的防洪标准,确保沿河两岸的生产生活安全。流域范围内社会经济发展的各项工作,均要以保护大沽河流域的生态安全、水质安全为先决条件;流域治理的各项工程均要注重保护和修复流域的自然生态系统,保持生态平衡。

2. 系统整合、适度利用

以河道治理为契机,以村镇新型社区和旅游生态观光节点为依托,系统整合流域治理和开发工作,形成合力,更好地保护和利用大沽河。

因地制宜,合理、有节制地开发大沽河流域的各类资源,重点发展现代生态农业和生态旅游业。

3. 完善配套、惠及民生

结合河流治理,完善市政、水利、旅游服务、生活服务、体育休闲设施等,改善居民生产生活条件,使大沽河治理成为惠及民生的重大工程。

二、规划目标

大沽河流域是青岛市的生态绿轴,确保青岛市生态安全的重要屏障,城市发展最重要的水源地,统筹沿岸城乡协调发展的重要纽带。规划目标是将大沽河干流沿线地区建设成为:① 贯穿青岛南北的防洪安全屏障;② 旅游休闲健身的自然生态景观长廊;③ 现代生态农业示范带;④ 新型农村社区聚集带(见青岛市规划局 2011 年《大沽河流域保护与空间利用总体规划草案》)。

三、功能区划内容

大沽河功能区规划中,生态理念贯穿始终。首先规划了水环境保护区域,其次是城乡协调、现代农业、旅游业、综合交通等功能区域规划。

1. 水环境保护区域

划分了饮用水源区、过渡区、农业用水区、工业用水区、排污控制区,指定了具体范围、水质要求等(图5)。

饮用水源区包括:大沽河芝河区,范围为源头～产芝水库,长度为 15.6 km 区域;小沽河区,范围为北墅水库～大沽河 48.8 km 区域,该区域同时兼做农业用水区;大沽河上游区,范围为西巨家～沙埠 31 km;大沽河麻湾桥区,范围为江家庄～麻湾 77.1 km 区域,同时兼作农业用水区。

过渡区:早朝～江家庄段,长度 14.5 km。

农业用水区:大沽河沙埠～早朝段,长度 0.5 km。

工业用水区:麻湾～南庄闸,长度 7 km,兼作农业用水区。

图 5　大沽河水环境保护规划图

排污控制区：南庄闸～入海口，长度 10 km。

2. 城乡协调发展区域

形成由"城市、特色镇、中心社区"组成的多层级体系的城乡协调发展格局，有序拓展城市发展空间，完善城市职能，大力增强流域内大中城市——莱西、平度、即墨、胶州及胶州湾北部新城的综合实力，使之成为统筹流域村镇协调发展的重要依托；积极培育流域内南村镇、李哥庄镇等小城市及南墅镇、日庄镇、云山镇、古岘镇、店埠镇、仁兆镇、移风店镇、七级镇等特色镇，作为推动流域城乡协调发展的示范和动力，创造城镇化发展新模式，带动流域社会经济全面可持续发展；整合村庄资源，集中建设中心社区，加快推进流域的新农村建设，促进大沽河流域村庄经济的全面可持续发展。

3. 现代农业区

在大沽河流域建设国家农业科技园区，按照核心区、示范区、辐射区三区联动的思路进行总体规划(图6)。

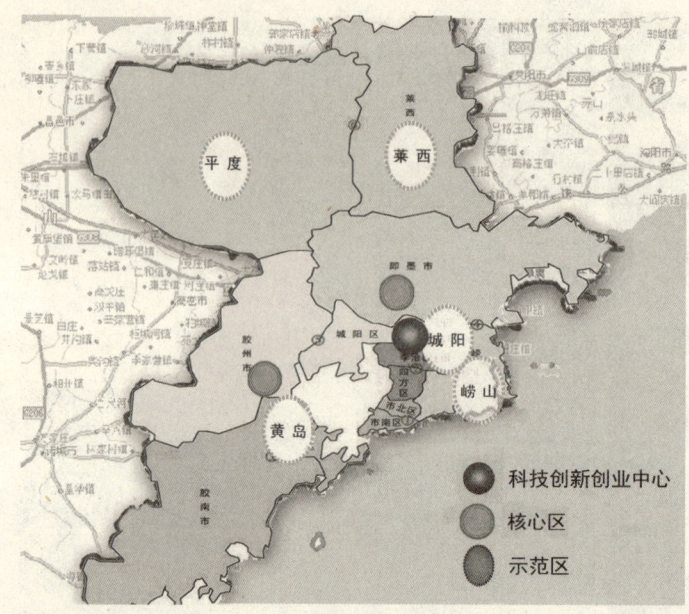

图6　大沽河现代农业发展规划图

核心区由青岛农业科技创新创业中心（设在青岛农业大学）和即墨、胶州两个核心园区组成。即墨园区以设施（光伏）农业、种业、休闲农业、新型城镇社区建设等为主要发展方向；胶州园区以外向型的农产品加工业、农产品仓储物流业、农业服务业（科技培训、金融保险、技术交易）等为主要发展方向。

现代生态农业特色示范区主要立足大沽河两岸农业"北果南菜"的格局，以各区市农业特色为基础，承担示范、推广和产业化发展的功能，形成莱西、平度、黄岛、城阳、崂山等示范区，形成以大沽河流域为主、覆盖青岛全域、辐射全国的国家农业科技园区，将大沽河流域建设成为"集农业生产、绿色科技示范、生态观光旅游"为一体的现代农业产业聚集带。

4. 旅游业区

宗旨是科学整合大沽河流域的优势自然生态资源与人文生态资源，大力发展生态游、体育游、文化游、农业游、休闲度假游等特色旅游产品体系，把大沽河流域打造成为生态旅游的长廊、北部旅游特别是乡村旅游的产业聚集和辐射带，充分释放大沽河承载的功能与价值，加快青岛北部新型城镇化步伐，使旅游业成为惠民富民的民生工程。

大沽河生态旅游轴带总体划分为三个层次：大小沽河干流旅游核心轴、大沽河流域旅游产业带、青岛北部旅游辐射区。

核心轴是以大小沽河及其两岸旅游资源和特色项目为大沽河旅游发展的景观轴、动力轴与辐射轴，根据沿线山体、湖泊、湿地、林带、田园、历史文化、民俗风情等不同旅游资源禀赋，划分若干个主题旅游地段，在各地段规划建设核心旅游项目和主题，通过旅游集散服务系统串联整合，构建形象鲜明、特色突出、产品丰富的旅游核心轴，带动沿岸旅游业的发展。

图7 大沽河旅游产业发展规划图

旅游产业带是按照旅游产业要素配套和拓展旅游链的要求,配合新型城镇化进程,对大沽河流域的城区、城镇进行重点扶持和培育,形成功能完善的旅游目的地体系和旅游产业带。到2016年,把莱西市建成特色旅游城区和大沽河北部旅游综合服务中心区,建成店埠镇、南墅镇、旧店镇、云山镇、古岘镇、仁兆镇、南村镇、移风店镇、胶莱镇、胶东街道办事处、李哥庄镇、九龙街道办事处、河套街道办事处等13个特色旅游镇(街道),在空间顺序上,形成"滨河旅游区—旅游特色城镇—滨河旅游节点—特色景点(村庄)"的多层次旅游发展格局,串联构建起大沽河深度游的旅游体系,初步构建形成大沽河流域旅游产业带(图7)。

青岛北部旅游辐射区,是发挥大沽河生态旅游轴带的区位交通和产业集聚的优势,以大沽河生态旅游轴带为核心,辐射联动流域内的莱西姜山湿地旅游区、平度大泽山旅游区、即墨古城旅游区、胶州艾山旅游区、红岛文化旅游海岸共5个大型旅游区,通过优化路网、完善标识导向系统、旅游产品组合等辐射联动机制,形成产品互补、客源共享的联动发展机制,带动和提升青岛北部地区旅游业发展水平。

第三章
大沽河综合治理后管理维护研究

第一节 管理维护的主要目标

一、确保防洪安全

大沽河治理首先是一项水利工程,大沽河是青岛市重要的防洪、排涝河道。综合治理后,河道两岸堤防长达 223 千米,保护着沿河五市(区)19 个乡镇、479 个村庄、79 万人口、105 万亩耕地以及上万家厂矿企业,是一道绿色安全屏障。确保防洪安全是大沽河管理最重要、最基本的目标。

二、流域各方利益的协调

大沽河管理应满足流域内社会、经济、环境及职能管理部门等方面的协调平衡。

大沽河作为青岛的主要水源地,水资源供需矛盾突出是面临的主要问题。在大沽河流经的各区市之间,如何实施水量分配、水质监控、水资源的实时调配等,平衡各方用户的利益,是大沽河管理的核心内容之一。目前,大沽河用水并非由一个机构统一负责,大多是独立运作,互相之间缺乏制约。少数强力用户处于支配地位,利益平衡的难度很大,影响对大沽河有序管理的实施。

其次是管理职能的协调。大沽河管理与保护涉及的部门很多,水、土地、道路交通、林木、生物、环保等均属不同部门管理,部门间缺乏有效的协调机制,各司其职,多龙管理。出现一个问题往往需要多个部门来解决,造成协调方面的问题很多,这是大沽河流域管理的主要目标之一。

三、流域资源的可持续发展

从大沽河生态系统的完善性、资源的有限性、自然环境的承载能力、当代和下一代提高生活质量的需求出发,制订并实施最佳方案,确保流域各类资源的可持续开发利用。

四、流域生态系统的保护

在 20 世纪初期,由于工农业生产和城市的扩张,大沽河生态系统曾被严重破坏,带来河流退化和生态环境的恶化,个别河段水质受到污染。以前虽几经整治,但由于受历史和自然条件限制,并未得到有效遏制。综合治理后,将通过划定水面保护区、建设滨河林带、保护河道及河流湿地等措施,修复生态环境,逐步恢复大沽河原有的生态面貌。因此,今后大沽河管理维护的一个中心目标,应从以前主要是水污染控制逐步转向生态环境的保护,严格依据大沽河生态功能规划,在科学、合理、有序开发的前提下,从生态、环境的意义上保护大沽河,为恢复和保护其生态系统做许多工作,投入资金和专门技术,消除经济生产活动对河流系统的不利影响。

第二节 大沽河后期管理维护的内容与标准

大沽河综合治理后,需要维护的资产项目包括拦河闸坝、堤防、堤顶道路、堤顶绿化带、堤防排水沟、堤防涵闸、隔离栅、照明、滩地护岸、附属设施(垃圾桶、厕所)、服务区,以及路面水面保洁、垃圾清运等。在工程自竣工验收合格之日起,1~2年为质保期,期间的工程管护由施工方负责,各级财政无需安排工程管护经费。质保期结束后,按照现行青岛市大沽河管理办法,新建拦河闸坝由市大沽河管理局负责管护,资金由市财政负担;堤防、堤顶道路、堤顶绿化等大型工程由各区市分段管理,所需经费由市财政定额补助,区(市)财政按照比例配套;隔离栅、照明、滩地护岸、附属设施、服务区等其他资产管护以及路面水面保洁、垃圾清运由各区(市)根据实际情况自行确定管护标准并明确经费来源,为促进各区(市)尽快建立养护机制,自工程交付之日起三年内,市财政对这一部分每年安排奖补资金1 000万元(表1)。

按照上述方法测算,质保期结束后,每年大沽河管护经费预算为10 343.57万元,其中市财政补助3 581.19万元,各区(市)负担6 762.38万元。

表1 大沽河管护经费预算表(单位:万元)

	序号	项目	具体情况	管护经费标准	管护费用	市财政补助	区市负担	备注
新增国有资产	1	拦河闸坝	新建(含改扩建)9座	根据每座水闸不同情况据实测算(水利工程维修养护定额标准)	700.00	700.00		质保期1年
	2	堤防	229 km	1.8万元/千米(水利工程维修养护定额标准)	412.20	229.00	183.20	质保期1年
	3	堤防排水沟	纵横排水沟258.42 km	2 520元/千米(参照中央直属水利工程维修养护定额标准)	65.12	39.72	25.40	质保期1年
	4	堤防涵闸	121座	37 638元/座(参照中央直属水利工程维修养护定额标准)	455.42	258.57	196.85	质保期1年
	5	堤顶绿化	总面积1 205万 m²	2元/平方米(按照市区城市园林绿地养护管理标准50%测算)	2 410.00	1 355.00	1 055.00	质保期2年

续表

	序号	项目	具体情况	管护经费标准	管护费用	市财政补助	区市负担	备注
新增国有资产	6	堤顶道路	217.3 km	2万元/千米（参照沿河五区市对县级公路日常养护及小修保养费标准）	434.60	242.30	192.30	质保期2年
	7	隔离栅	230 km		300		300	自工程交付之日起3年内，市财政根据各区市管护机制建立情况每年奖补1 000万元
	8	照明	路灯总量5 235盏		300		300	
	9	滩地护岸	护岸、滩地防汛道路		2 928.32		2 928.32	
	10	水面保洁			127		127	
	11	卫生设施	沿岸公共卫生间、垃圾桶等相关设施。	建设总投资额（3 450万）的3%	103.5		103.5	
	12	维修养护管理人员			1 612.41	621.60	990.81	
	合计				9 848.57	3 446.19	6 402.38	
原有国有资产	8	拦河闸坝	11座（橡胶坝），3座归口大沽河管理局，8座归口所在区市	45万元/（座·年）	495	135	360	
	合计				495	135	360	
	总计				10 343.57	3 581.19	6 762.38	

第三节 大沽河分散式管理模式存在的问题

一、管理体制不合理

大沽河现行管理维护应用的是干流河道按行政区划分散式管理体制，虽然取得了一定的管理绩效，但不能满足流域管理和流域可持续发展的要求。目前的大沽河分散式管理维护模式，主要存在以下几个方面的问题：

第一，大沽河管理机构缺乏权威性。大沽河管理局的原行政级别仅是处级单位，不完全享有管理和处理流域有关资源事务的自主权，控制流域后期管理的实际权力、监督权、执行权都十分有限，在流域管理统筹协调方面权威性不够，难以对流域资源实行统一管理，有关法规赋予的职权也难以落实，各区级政府仍然是现行行政区域管理的主体。

目前，大沽河管理局主要职责仅限于管理大沽河干流堤防和与干流直接有关的各支流的水利工程建设。但在流域资源保护、开发利用方面主要起协调作用，无权过问地方流域资源开发利用与保护问题。支流和水库由各地方水利部门管理，城市供、排水由城建部门管理，河道水环境作为区域环境的一部分主要由环保部门管理。对于大沽河流域的污染治理问题，主要由市环保部门及各区市环保局主管，同时涉及市、区水利、城建等众多相关部门，尤其是环保和水利部门在水污染防治工作中存在许多职责重叠，导致双方在执法过程中相互推诿、相互扯皮现象，大大降低了管理效率。另外，还存在许多阻碍综合治理后的管理的问题，如污染企业受地方保护主义影响，不达标排放现象严重，末端治理和清洁生产等环保措施没有得到有效应用等。水利部门管理流域资源，环保部门管理水环境，人为割裂了流域资源的生态属性和经济属性，割裂了流域资源利用和水环境保护之间的内在联系。

多头管理使河道建设与管理缺乏统一标准与统筹安排，没有形成协调统一的流域管理体制。

第二，流域管理与区域管理的事权划分不明确。大沽河干流虽然在青岛市内，但跨5个区市，干流沿岸共有27个镇（或街道办事处），村庄1 480多个，流域水环境污染牵涉上下游、左右岸、干支流、不同地区的众多机构、企业、公众的利益，难以协调，不适应综合治理后的管理要求。在实际工作中，产生很多矛盾，有些事情大沽河管理局和各区市都争着去管，有些事情又都不去管，造成管理漏洞。

大沽河流域管理与行政区域管理之间的关系、事权划分与职责分工不够明确，多方管理导致了部门职责上的重复。大沽河管理局与区市水行政主管部门在流域资源的管理、配置、调度、保护，水利工程的规划、建设和管理，以及防洪调度等方面存在着职能交叉和重叠，管理、审批、监督权限不清，责、权、利不对应等问题。

第三，无法避免地方保护主义。无论是流域资源管理部门，还是水污染防治部门，都隶属于各区市人民政府。各区市政府出于对地方利益的保护，在进行流域管理决策的时候必然趋利避害。在水量分配上，干旱季节，上游往往大量拦截水量，造成下游水量剧减，甚至断流；汛期则泄洪以确保上游利益，造成下游洪灾不断。在开发利用上，上游对辖区内的河流过度开发利用，直接影响下游的开发利用；在污染物排放上，仅追求本辖区内的水质，出境水质往往已达不到水环境质量标准，造成上游污染，下游受害的现象。由此导致上下游之间、地区间以及部门间流域资源开发利用的冲突等问题。

第四，大沽河流域行政管理的监督效果不明显。目前，大沽河后期管理的监督过分依赖地方行政管理。大沽河流域各区市水利所（站）的管理归属各地方行政部门，大沽河管理局仅有业务指导作用，没有监督管理权限，不利于流域管理的系统性和整体性。

第五，流域资源开发规划实施不到位。大沽河流域资源规划是大沽河管理局和各行政区域管理的基础性工作，如流域资源的开发、利用、节约、保护等，同时，规划也涉及相关部门，如水利、林业、农业、环保、国土资源、建设、交通等部门。从实践看，流域资源规划对流域资源管理和经济发展起到了一定的推动作用，但仍存在一些问题，主要表现在：

一是对大沽河流域规划工作重视程度不够,投入的人力、物力、财力不足,规划周期短,不够科学;二是流域规划与地区规划的编制缺乏沟通,存在脱节和不协调;三是规划和实际工作"两张皮"的现象存在,可操作性差,缺乏规划的权威性和严肃性;四是对规划的执行监督不力,缺少责任追究。

当前分散式、粗放型的流域管理体制,不利于协调各部门关系进行统一管理,难以全面统筹城乡流域资源,做到合理开发、保护、调度和高效利用流域资源。

二、管护方式不科学

大沽河治理后的管理维护具有流域性和系统性,但当前分段式管护方式违背了河流的自然属性,难以顾及河道内相关联的各个方面,加剧了供与需的矛盾、开发与保护的矛盾、紧缺与浪费的矛盾,不利于资源的可持续利用。

三、管护标准不统一

由于流经区市经济发展水平差异,造成分段管理时的投入水平不同,管护标准难以统一;同时由于地方利益的影响,一些本应用于河流管护的专项经费被挤占挪用,不能有效地用于流域资源的保护、节约、开发和利用。导致大沽河干流流域资源的开发、利用、保护和治理、维护、节约、配置缺乏有效的统一性,难以实现流域整体的合理开发,高效利用和切实保护。

四、投资方式不集约

由于行政区域和流域的条块分割,流域管理投资机制的弊端日渐显现。当前在大沽河管理维护中,投资渠道单一,社会化投资明显不足,而且有限的投入也被分散使用,不能按照轻重缓急的原则统筹安排,优先解决流域管理中的"瓶颈"问题,降低了投资的社会、经济和环境效益,无法实现效益的最大化,形不成全局性的建设合力。

第四节 大沽河建立集中管理的必要性及效益测算

一、建立集中管理模式的必要性分析

大沽河治理应采用集中管理模式。该模式与行政区域分散式管理的区别在于管理单元和管理趋向性不同。集中管理模式是以自然流域为单元进行流域资源的管理,分散式行政区域管理是以行政区域为单元进行管理;集中管理更趋向于对水的自然属性的管理,注重整个流域的水循环,目标是使河道内流域资源得到整体有效的利用,分散式行政区域管理趋向于对水的社会属性的管理,从区域局部出发,目标是综合利用辖区内的流域资源,充分发展区域经济。

行政区域分散式管理是目前大沽河流域资源的管理形式,实行从上到下分级管理;而集中管理具有水管理的整体性,符合水流动的自然属性,能更好地协调对大沽河治理后形成的国有资产维护,实现对流域资源和水环境的保护。

目前,大沽河管理的水平还远远落后于经济社会发展的客观需要。从法制角度来

看,青岛市对大沽河流域的建设与保护等相关地方性法规不健全,法规间缺乏协调性;从管理体制方面看,流域行政管理体制不顺,有明显的缺陷,流域机构的权限存在交叉重复或被分割现象,不足以实现高效管理。

1. 流域资源的特性决定了应当实施集中管理

河流资源具有流域性,而流域是整体性极强、关联度很高的区域。一个流域是一个完整的系统,流域的上中下游、左右岸、支流和干流、河水和河道、水质与水量、地表水与地下水等等,都是该流域不可分割的组成部分,河道内不仅各种自然要素之间联系极为密切,而且上中下游、干支流各地区间的相互制约、相互影响也很显著。流域水生态具有整体性,水环境资源开发、利用和保护都具有典型的流域影响性,河道内的任何局部开发都必须考虑流域整体利益,考虑给流域带来的影响和后果。人为地将流域资源分成不同的区域,依据地域关系来调整流域资源的保护和利用,无疑忽视了流域资源本身的特点,割裂了流域资源相互间的联系,否定了其流域性。

流域资源是水质、水量、水体、水生态等要素的结合体,这些要素互相关联,相互影响。因此,对水环境容量、流域资源的开发利用,对水质、水量的保护以及对水体的改造和对水生态的维护必须结合起来,做出统一的规划和部署。分散式管理模式将流域资源的各要素分开,由不同行政区域、不同部门分别管理水质、水量等。而水环境与流域资源实质上是一体的,水环境受到污染破坏必然影响水作为一种自然资源的开发和利用,同样在流域资源的开发利用过程中也必然会造成对水环境的影响。同时,不同部门之间的利益争夺和冲突的存在对流域资源的开发利用和保护都是极为不利的。

同时,流域资源具有多功能性,具有供水、灌溉等多种使用价值和功能;同时又是有限的、稀缺的,各功能之间的矛盾十分突出,将其功能分开加以保护和利用无疑更使矛盾激化。要保证流域资源的持续有效利用,各功能之间必须统筹兼顾,做出合理安排。即在管理中实现流域资源功能规划、决策、分配的一体化,在确保经济、社会与环境资源协调发展和顾及社会公平与效率的目标和原则下,实现各功能之间、各区域之间的合理配置。

总之,基于流域资源本身的流域性特点以及多样性、复合性功能,流域生态整体性和水环境资源开发利用、保护改善的流域影响性,对水环境资源管理应当是一体化的流域管理。

2. 以流域为单元实行集中管理是国际先进做法

近几十年来,各国结合自己的国情对流域资源的管理体制、政策、法律进行了不断的调整和探索。美国1965年《水资源规划法案》要求建立新型流域机构;法国根据1964年《水法》建立了全国范围的流域管理体制;英国在1973年和1989年两次调整了流域管理体制。目前,以流域为单元对流域资源进行综合开发与统一管理,这一认识已为许多国际组织所接受和推荐,形成一个潮流。1968年,欧洲议会通过《欧洲水宪章》,提出流域资源管理应以自然流域为基础,而不应以行政区域为基础,流域应建立适当的流域机构。1992年在巴西里约热内卢召开的联合国环境与发展会议,全世界102个国家元首或政府首脑通过并签署的《21世纪议程》中,要求按照流域对流域资源进行统一管理,全面阐述了流域水管理的目标和任务。依据流域资源的流域特性,发展以自然流域为单元的流域资源集中管理模式,正成为一种世界性的趋势和成功模式。各国为实施流域管理颁布了专门法规,如美国的《田纳西河流域管理法》《下科罗拉多河管理法》,西班牙的《塔霍—赛古拉河联合用水法》,日本的《河川法》,英国的《流域管理条例》等。还有大量规定分散于各个有关的水法规中,如《欧洲水宪章》、英国《水法》、法国《水法》、西班牙《水法》等,均明确规定流域资源应以自然流域为基础,按流域建立恰当的流域资源管理机构来进行统一管理。

3. 大沽河资源现状迫切需要实行集中式管理

青岛市属贫水地区,人均水资源占有量较少。实施引黄济青工程以后,这一状况有所好转,但对稀缺性的水资源仍需保护。多年来,青岛市流域资源质量不断下降,水环境持续恶化,从地表流域资源质量现状来看,青岛市的河流、城市水域受到不同程度的污染。地下流域资源质量也面临巨大压力。随着青岛市经济社会的发展,流域资源短缺、水环境恶化等问题将日趋严重。而且大沽河干流的生态环境问题已经呈现出明显的流域性特点,积极推进流域集中管理势在必行。

4. 大沽河整体生态规划的实施需要集中管理

大沽河综合治理不是一项简单的水利工程,而是涉及生态保护、现代农业、休闲旅游、城乡统筹等诸多方面内容。要实现这些目标,总体上必须严格按照大沽河整体生态功能规划方案有序推进。但目前大沽河沿岸一些区市,都在自行规划、建设开发,呈现一种无序状态,这对大沽河整体生态布局是极为不利的。

要完成青岛市对大沽河的整体生态规划,确保大沽河流域资源得到有效保护利用,只有实施集中式管理才能奏效。授权大沽河管理机构统一行使大沽河整体开发监督职能,确保沿岸各区市的开发行为必须在全市统一规划的框架内进行。

二、河道内资源集中管理效益分析

大沽河实施集中管理后,与分散管理最大的不同之一,是可以对河道内资源资产实施市场化运作。

1. 可市场化运作的国有资源与资产

水资源。水资源是最重要的战略性自然资源之一。大沽河中下游段是青岛市最大、最稳定的水源,也是重要的自备水源地。

根据《青岛市大沽河水资源开发利用规划》(下称"规划"),青岛市大沽河干流从产芝水库溢洪道末端同三高速公路桥至入海口段,规划长度116 km,涉及城阳区、即墨市、胶州市、莱西市和平度市相关区域。水源开发主要工程内容包括河道拦蓄水工程(表2)和供水调配工程两大部分(图1)。拦蓄水工程包括新建蓄水构筑物工程9座、加固橡胶坝7座、加高改建橡胶坝2座、拆除重建蓄水构筑物2座;供水调配工程包括建设大沽河向宋化泉水库调水工程、大沽河向挪城水库调水工程、大沽河向胶州少海调水工程、大沽河向桃源湖调水工程、大沽河向即墨西部水网调水工程等5项供水调配工程。

表2 大沽河综合治理后各闸坝蓄水情况统计(*为新建)

序号	名　称	冲坝高度（m）	蓄水位（m）	蓄水量（万 m³）	回水长度（km）	水面面积（万 m³）	管理单位
1	国道309拦河坝工程*	2	52.4	55	2.2	42.5	大沽河管理局
2	上海路	3	51.8	105	3.3	66.7	莱西市水利局
3	沙埠	3.8	48.8	150.93	3.42	75.2	莱西市水利局
4	早朝拦河闸*	2.5	45	370	5.80	155	大沽河管理局
5	孙受拦河闸*	3	41.5	185	3.47	125	大沽河管理局
6	许村拦河坝*	3	38.4	200	4.55	160	大沽河管理局
7	江家庄	2	35.2	30	2	42	莱西市水利局
8	庄头拦河坝*	3	33.6	120	3	70	大沽河管理局
9	程家小里拦河闸*	4	31.1	250	4.05	100	大沽河管理局
10	孙洲庄拦河闸*	4	29	340	5.17	100	大沽河管理局
11	沙湾庄橡胶坝	2.5	27	241	3.51	125	大沽河管理局
12	袁家庄橡胶坝	3.5	22.7	457	5.37	155	大沽河管理局
13	移风拦河闸*	3.5	19.1	1 050	7.40	540	大沽河管理局
14	崖头橡胶坝	3.2	16.9	450	4.55	135	平度市水利局
15	大坝拦河坝*	3	12.9	320	5	160	大沽河管理局
16	城子河拦河闸	—	—	—	—	—	大沽河管理局
17	岔河橡胶坝	2.5	9.7	270	6.5	325	即墨市水利局
18	贾疃	2.5	5	370	8	350	胶州市水利局
19	南庄	3.2	3.9	760	15	600	胶州市水利局
总　计				5 723.93	92.24	3 326.4	

根据《规划》，大沽河干流拦河构筑物现蓄水水面面积 24.7 km²，河槽蓄水量 4 400 万 m³，通过河槽疏浚拓挖，新建、改建拦蓄水工程，增加水面面积 22.8 km²，增加蓄水量 4 219 万 m³。建设后主河槽水面面积 47.5 km²，蓄水量 8 619 万 m³。现在大沽河总供水量为 4.561 5 亿 m³。规划 2015 年，通过调水工程，供水量增加 0.680 5 亿 m³，总供水量达 5.242 亿 m³。

滩涂。河流滩涂地是指河流两岸常年水位至洪水位之间，底质为砂砾、淤泥或软泥的岸区，是一个动态变化的水陆过渡地带。滩涂的特点是面积大、分布集中、区位条件好、农业综合开发潜力大，是重要的后备土地资源。大沽河整个流

图1 大沽河流域水调配网络图

域的滩涂地总面积近45 000亩。其中55%目前已确认了归属权,在已确权的滩涂地中,58%为所在地镇及镇以上政府占有。其中大沽河平度、即墨段滩涂地的归属权已全部确认;莱西段大部分已确认(3/4归当地政府);胶州、红岛段全部滩涂地目前仍未确认权属(表3)。

表3　大沽河滩涂地情况(单位:亩)

	面积			已确权面积中镇及镇以上政府占有量	未确权面积预计镇及镇以上政府占有量	备注
	数量	已确权面积	未确权面积			
莱西市	16 443.9	13 573.9	2 870	10 151.9	0	内坡脚至河槽范围
平度市	4 200	4 200		4 200		
即墨市	6 964.11	6 964.11				
胶州市	9 085.4		9 085.4			
红岛	8 251.7		8 251.7		8 251.7	
总计	44 945.11	24 738.01	20 207.1	14 351.9	8 251.7	
比例	100%	55%	45%	32%	18%	

绿化带。绿化带区域可以在保障基本绿化功能之外,通过高密度种植、逐次采伐的方式,林木更新过程和采伐过程同时并进,既可获得一定的经济效益,又保证了绿化带的绿化及加固作用。由政府、企业、社会力量共同参与,以多元化投资的方式,充分运用市场机制进行经营运作。

服务区。服务区由大沽河管理机构所辖专业公司经营,收益的绝大部分用于大沽河管理维护。

2. 河道内资源市场化运作效益分析

大沽河河道内资源包括新增水资源、滩涂地和绿化带。鉴于河道内大部分滩涂地确权后已属于当地农户,实施统一运作有较大困难,故暂不计入收益来源。其他资源的年经济效益测算如下:

(1)新增水资源供给收益

河道内资源集中管理的经济效益主要来自新增供水资源收益。(参见《大沽河综合治理工程综合效益分析报告》,青岛市大沽河治理工程指挥部、青岛市工程咨询院,2014.03)

根据青岛市物价局、青岛市水利局《关于调整产芝水库等水利工程供水价格的通知》,产芝水库、尹府水库非农业供水价格由 0.24 元/m^3 调整为 0.36 元/m^3(不含水资源费、不含库区移民扶助金);大沽河流域农井非农业供水价格由 0.23 元/m^3 调整为 0.32 元/m^3(不含水资源费)。根据《青岛市水资源费征收管理办法》,从河流取水,水资源费为 0.35 元/m^3。青岛市水资源价格为 0.71 元/m^3。

根据山东省物价局、山东省水利厅《关于核定我省部分水利工程供水含税价格的通知》(鲁价格发 [2007] 245 号),引黄济青计量水价(超过 9 000 万 m³)2008 年起为 0.822 元/m³。

根据上述分析,大沽河水源开发工程新增供水量按照大沽河流域水库(产芝水库、尹府水库)非农业供水价格 0.36 元/m³ 核算,考虑水资源费(0.35 元/m³)后为 0.71 元/m³,与青岛市水资源价格一致。实施大沽河水源开发工程,大沽河总供水量每年可增加 6 805 万 m³。新增供水量中 50% 可按水资源市场价格出售,则水资源开发工程建设每年直接经济效益为 6 805 × 0.71 × 50% = 2 415.775 万元。由于水价相对稳定,不考虑效益增长率,则大沽河新增水资源供给净收益为年均 2 415 万元。

(2)绿化带经济林木收益

按照种植经济林木平均标准为每亩年收益 300~500 元,按每亩年收益 500 元计算,测算绿化带经济林木收益如表 4 所示。

表 4 绿化带经济林木收益

单位测算	平度	莱西	胶州	红岛	即墨	合计
数量(亩)	7 800	1 633.42	4 436	689.65	2 248.87	16 807.94
收益(万元)	234	49	133.08	20.69	67.47	504.24

在理想状态下,根据本报告测算的每年大沽河各项目的维护费用约为 10 343.57 万元。若采用河道内资源集中管理模式,大沽河新增流域资源供给净收益为 2 415.78 + 504.24 = 2 920 万元,扣除市场化管理的人员及办公经费(按所获净收益的 20% 计算)后,各项收益最终可用于补偿大沽河管理维护费用为 2 336 万元,实际财政投入管理费用减为 8 007 万元,如表 5 所示。

表 5 大沽河两种管理模式下管理资金测算比较(万元)

费用项目	全部费用	收益补充	财政负担	
			市财政	区市财政
分散管理费用合计	10 343.57	0	3 581.19	6 762.38
集中管理费用合计	10 343.57	2 336	8 007	

当然,本测算仅为理想状态下的理论测算,实际运行中的各项费用及收益会有所差异。另外,由于集中管理模式的各项收益达到理想状态通常会有一段准备期,此期间中管理费用仍需依赖财政投入。

第四章
大沽河集中管理维护的实施方案

第一节 大沽河集中管理体制构架

对于流域资源集中管理模式,建立一种自上而下的流域垂直管理系统,相应地取消现有分散式区域流域资源管理体制,将大沽河流域资源全部纳入流域集中管理范畴,具体分析如下:

建立一种自上而下、垂直管理的拥有独立流域资源管理权限的机构,具有职能集中、权限集中的优点。在当前大沽河治理完毕后,必须采取这种强有力的流域集中管理模式。主要是通过流域立法,强化流域管理机构的权威,利用法律约束机制调节地方利益冲突,实现流域资源的集中优化管理调度。流域集中管理配置流域资源,其全流域效益是最优的。只有采取这种权限集中的做法方能从根本上扭转过去那种各自为政、条块分割的流域资源管理不良状况。

一、组织领导主体——青岛市政府

大沽河管理中青岛市政府的作用主要表现为:

第一,制定大沽河管护治理的制度规则。制度能够减少流域治理中相关利益主体行为的不确定性,并且为相关利益主体提供了选择集合。青岛市政府作为大沽河管护治理的主导者、公共产品的主要提供者,其重要责任之一就是制度供给。一是要制定具有法律效力的行政法规,如《大沽河管理维护条例》作为大沽河管护治理的法律依据,为大沽河管护治理主体提供选择集合。二是要制定大沽河管护治理需要的长远统一规划,这是合理开发利用流域资源、协调流域资源开发利用与流域经济发展关系、促进流域经济繁荣的重要基础和前提工作。

第二,协调大沽河管护治理相关利益主体间的关系。市政府建立"大沽河管理联席会议制度",联席会议办公室设在市大沽河管理局。由市政府办公厅牵头,定期召开大沽河管理联席会议,其职责是组织协调市政府与各区市政府的关系、各区市政府及相关部门之间的关系、区市政府部门之间的关系等。

第三，贯彻执行上级有关防汛工作的方针、政策和法规，下达防洪抗旱决策和指令。各区市行政主要负责人是大沽河防洪抗旱工作第一责任人，大沽河沿河各区市在青岛市防汛抗旱指挥部的统一指挥协调下，组织、协调防洪抗旱抢险救灾的有关工作；组织制定各类防洪预案和应急措施；组织防汛安全检查；督导险工险段的处理及水毁工程的修复。

二、专职管理主体——大沽河管理局

构建集中管理的统一流域治理机构大沽河管理局，厘清大沽河管理局的管理职责。在涉及大沽河管理维护的事务上，统一由大沽河管理局领导，将水利、交通、林业等相关职能部门的职权集中在大沽河管理局，确立大沽河管理局的独立管理地位。

第一，大沽河管理局是主要的治水管理主体，确立大沽河管理局在大沽河管护治理中的龙头地位，即将大沽河的治理权限与责任归口，大沽河管理局归市政府直管，统抓所有大沽河的管理工作。

第二，由大沽河管理局集中管理大沽河治理后的管理维护，负责大沽河流域资源管理、综合治理后形成的国有资产、污水处理、防洪、堤坝、排水管网的管理维护等。

大沽河管理局的主要职责包括：

贯彻执行国家有关法律、法规和政策；拟订大沽河管理维护的地方性法规、规章草案；编制大沽河保护规划、土地利用规划、河道治理规划及有关专业规划并组织实施。

负责大沽河的水政监察、污染控制等行政执法和行政复议工作，查处重大违法行为；协调处理大沽河跨地区水事纠纷和环境污染等问题。

负责大沽河河道维护和安全运行管理；组织开展大沽河违法违规建房及其他建筑物的清理拆迁工作。

负责大沽河内水质、水量和污染物排放的监督管理，审定水域纳污能力，提出限制排污总量意见和污染防治方案。

负责大沽河重点区域非法采砂和用地、违法使用滩涂、影响河道和堤坝安全、违规排放污染物等问题的经常性巡查和处理。

负责大沽河水利设施、生态设施和环境保护项目的建设、管理和维护。

在市防汛抗旱指挥部领导下，协调大沽河防汛抗旱工作。

监督管理大沽河林木砍伐工作；负责大沽河退耕绿化、湿地保护、生态建设、水土流失防治和野生动物保护工作；负责大沽河农药和捕捞管理；负责大沽河土地权属管理。

三、市场主体——大沽河开发管理公司

成立大沽河开发管理公司（暂定名），该公司为青岛市政府（市财政、水利、林业等职能部门）出资建立的国有独资有限公司或整合现有相关国有企业成立（如水投公司等），经青岛市政府授权作为大沽河国有资产经营管理实体。同时，公司作为独立的法人实体和竞争主体，按照现代企业制度要求规范运作，自主经营。

大沽河开发管理公司业务上接受市水利局等主管部门指导,公司运作实行政企分开、政资分开、财务独立,相关职能部门应授予大沽河开发管理公司独立的管理权限和相关特许经营权。

四、市场化运作模式

大沽河的集中管理避免了多头领导,政策、标准能够更为统一地执行到位,有利于资源的统一规划、统一管理、统一经营。

大沽河开发管理公司需建立以完善的公司法人制度为基础,以有限责任制度为保证,以公司企业为主要形式,以产权清晰、权责明确、政企分开、管理科学为条件的新型公司制度。以大沽河国有资产及其他方式出资的股东共同构成大沽河开发管理公司股东大会,享有股权,主要体现为按照出资份额享受资产收益权及参与公司重大决策和选择管理者的权利。需设置董事会,代表公司股东的权益。设置监事会,由各级地方政府国有资产监督管理机构代表本级人民政府向大沽河开发管理公司派出监事会成员,从体制上、机制上加强对大沽河开发管理公司的监督,确保国有资产及其权益不受侵犯。由董事会产生公司的领导班子,确定公司职能部门,负责公司的日常经营管理。大沽河开发管理公司组织构架见图1。

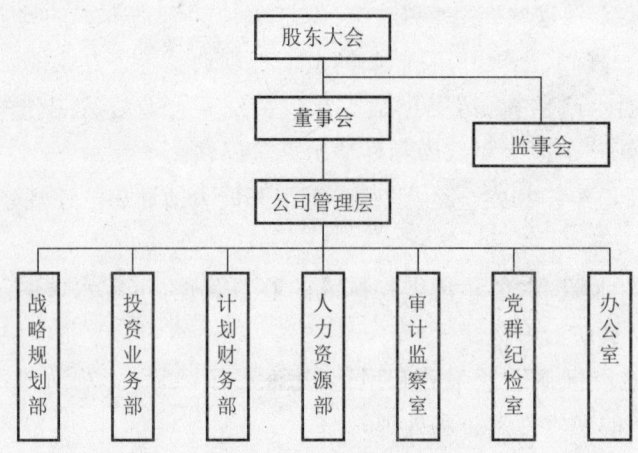

图1　大沽河开发管理公司组织构架

其中,董事会是大沽河开发管理公司经营管理的决策机构,负责经营和管理公司的法人财产,对股东大会负责,维护公司和全体股东的利益,负责公司发展目标和重大经营活动的决策。公司董事会行使下列职权:主持股东大会和召集、主持董事会会议;督促、检查董事会决议的执行;签署公司股票、公司债券及其他有价证券;签署董事会重要文件和其他应由公司法定代表人签署的其他文件;行使法定代表人的职权;在发生特大自然灾害等不可抗力的紧急情况下,对公司事务行使符合法律规定和公司利益的特别处置权,并在事后向公司董事会和股东大会报告。公司董事会下设战略决策委员会、审计委员会、提名委员会、薪酬与考核委员会;战略决策委员会主要负责研究制定公司中长期发展战略草案;审计委员会主要负责制定公司各类财务管理制度并监督实施;提名委员会主要负责制定董事和高级管理人员的选择标准及提名程序;薪酬与考核委员会主要负责制定公司薪酬制度并组织考核工作。

大沽河开发管理公司经营职责:负责大沽河堤防、闸坝等水利工程的管理、维护,组织对水利和防洪工程进行安全检查;掌握汛期雨情、水情、工情和气象形势,及时了解降雨地区的各种情况,及时上报雨情、水情、汛情;实施防汛措施以及工程防汛应急处理、水毁工程修复计划;组织实施大沽河基础设施建设、管理维护专项规划;制定及组织实施大沽河基础设施经营管理方案;拟定及组织实施公用事业特许经营方案,收取大沽河河道用水水资源费及原水水费;大沽河河道、堤顶路垃圾清运;公司作为独立法人实体和国有资产营运主体,经营和管理大沽河干流的国有资产,开展资本运营;承接和运用各级政府的基本建设资金和专项资金、政府信用资金和国债资金,对大沽河管理维护及相关国有资产进行投资、建设、管理、经营、实现国有资产保值增值;作为独立的法人实体和投融资主体,整合大沽河干流的存量资产及资源,集中信用,构建融资平台,筹措大沽河管理维护资金及后期治理资金;以资本为纽带,直接投资和对外融资建设维护管理大沽河的基础设施;承担市政府交办的其他建设事项。

大沽河治理管护经费主要包括大沽河维护工程建设费用、防汛抗旱费用、水质保护费用、水土保持费用等。依照原有体制,治理后期管护费用由市财政与沿河各区市财政共同列支,但地方配套经费往往难以到位,也在一定程度上造成了流域管理效率低下。集中管理体制框架下管护经费由大沽河开发管理公司市场化经营取得,不足部分由市、区(市)两级财政共同负担,随着大沽河集中管理和开发的规模效应,市场化收益的逐渐提高,以后年度逐步减少财政投入。

大沽河开发管理公司人员及办公经费前3年由市财政补贴,3年后以所获收益列支。

根据本书前述分析,每年大沽河各项目的维护费用约为10 343.57万元。若采用河道内资源集中管理模式,在理想状态下,大沽河水资源年收益为2 415.78万元,绿化带经济林木年收益为504.24万元。若大沽河管理公司运营前4年收益情况分别为理想状态的50%、75%、90%、100%;其中前3年为公司原始资本积累阶段,所获收益暂不用于大沽河管护投入;第4年起公司可实现正常运营,所获收益补偿大沽河管护费用(因水资源收益比较固定,绿化带经济林木收益达到预期后可持续获得,这里暂不考虑收益的增长);扣除大沽河开发管理公司人员及办公经费(按所获净收益的20%计算)。则大沽河开发管理公司1~4年各项收益用于补偿大沽河管理维护费用的预算表如表1所示。

表1　市场化运作后大沽河管理维护费用预算表(单位:万元)

	第一年	第二年	第三年	第四年
公司收益	1 460	2 190	2 628	2 920
人员及办公经费支出	292	438	525.6	584
公司净收益	1 168	1 752	2 102.4	2 336

续表

	第一年	第二年	第三年	第四年
公司资本积累额	1 168	2 920	5 022.4	7 358.4
投入大沽河管护费用	0	0	0	2 336
财政投入管护费用	10 343.57	10 343.57	10 343.57	8 007.57

第二节 修订有利于大沽河集中管理的相关办法

流域资源管理具有很强的科学性和技术性,涉及面广、技术含量高、综合性较强。青岛市政府需要以流域资源集中管理体制为切入点,将各类的流域资源管理部门在机构设置、人员配备、权限划分、功能协调等各个方面整齐划一、集中规范,从而构建综合的以大沽河流域资源集中管理为基点的《青岛市大沽河管理办法》及相关法规。

一、修订《青岛市大沽河管理办法》的基本原则

1. 以大沽河为单元对流域资源实施集中管理

体现了对大沽河的管理采用集中管理体制的基本要求,也是当前大沽河流域资源管理政策的核心。该原则的基本内容是以大沽河为决策单元,在流域范围内对流域资源实施综合系统的全面集中管理。该原则要求意识到流域资源本身与行政区划无关,要充分考虑流域的自然地理范畴,将流域作为流域资源决策单元的唯一依据。在管理方法上,要统筹全局,将河道内的全部流域资源看作一个不可分割的整体,实施河道内流域资源的集中调配。

2. 流域资源全面综合治理原则

建立一种综合发展的决策机制,通过集中规划,保证大沽河开发管理公司与各级组织间体制协调、决策取向趋于一致,消除以往"多龙治水""政出多门""决策相悖""管理混乱"的状况。

3. 流域资源宏观治理原则

充分考虑大沽河地理环境复杂以及各种环境状况、人口密度、经济发展水平、资源分布、管理能力等各方面因素差异,进行一种全局性、长期性的管理,重点应放在体制设置、机构协调、权限划分、管理规划上。

4. 可持续发展原则

要全面体现可持续发展的原则,要以保护流域资源生态系统平衡为基本目标,要为实现流域资源在体制上的公平有序、权限内的合理分配提供可靠的保障,同时要建立一种公众参与的体制框架,开展充分的信息交流。

二、修订《青岛市大沽河管理办法》的基本制度

1. 大沽河管理维护的综合规划制度

为了有效地实施对大沽河流域资源的综合治理,应该建立并逐步完善大沽河综合规

划制度。大沽河的综合规划制度是建立在区域和部门规划基础之上的,应具有广泛的内容和深远的意义,同时也应更为鲜明和具体地体现出大沽河流域集中管理的流域资源管理方针。作为大沽河管理的前提和依据,流域资源的综合规划制度应该是整体性的、全局性的,它不仅应该包含有关流域资源利用和保护、水污染防治等方面的规划,还应该更为广泛地涉及生态保护、农业、林业、水土保持、交通、旅游等其他各个领域。此外,流域资源的综合规划还应是一种方针性、指导性的体制规划,各个区域、各个行业的流域资源使用计划要在流域综合规划的指标内确定,要符合大沽河综合规划的宗旨和目标。大沽河综合规划要通过集中的决策方案和完善的协调机制来避免造成各行业、各区域流域资源使用方面的矛盾和冲突。

2. 大沽河管理的监督检查制度

为了保证大沽河规划的目标方案顺利地得以实施,在《青岛市大沽河管理办法》中必须突出体现大沽河流域资源监督检查方面的一系列规定。市水行政主管部门为大沽河流域资源管理的监督主体,监督的范围则包括各行业、各区域的一切水事活动,监督检查的内容除听取报告、开展现场检查等一般性监督手段之外,还应包括重大流域资源事故调查处理、水事纠纷的裁决等。

3. 大沽河流域资源管理的信息共享机制与公众参与制度

获取信息的途径是多样的,可通过科学合理的信息共享机制、通过完善科学的监测制度、通过国内外广泛的信息研究与交流来获取信息。更为重要的是,还要进一步提高和完善流域资源管理的公众参与制度。通过信息公开、广泛听取社会各方意见、吸引公众参与法律法规制定等手段来提高大沽河管理决策的透明度,使公众参与机制逐步走向规范化和制度化。

三、建立完善的大沽河集中管理法规体系

《青岛市大沽河管理办法》的修订以及《青岛市水污染防治办法》《青岛市水土保持办法》等的完善,明确大沽河流域资源集中管理体制,建立适应自然规律并与经济社会发展相协调的大沽河管理制度。同时修订《青岛市取水许可制度实施办法》《青岛市水利工程水费核订、计收和管理办法》《青岛市河道管理范围内建设项目管理的有关规定》《青岛市水利工程供水生产成本、费用核算管理规定》《青岛市水价管理条例》《青岛市流域资源信息管理系统管理办法》等相关制度,使之更趋合理和完善。

第三节 建立大沽河集中管理体系

大沽河综合治理完毕后,加强大沽河后期管理工程管理,提高供水、防洪、水污染防治能力将是后期管理维护的主要问题。因此,必须建立集中管理模式下的管理保障机制,使大沽河管理维护与今后流域可持续发展相适应。

一、建立集中管理的决策执行机制

具有权威性、独立性的大沽河管理局成立后,便能在相关管理办法的指导下,对大沽河水资源的开发利用和水环境的治理做出科学的规划与部署,并监督大沽河开发管理公司实施。以青岛市政府、有关部门、区市主要领导参加的"大沽河管理联席会议"作为大沽河管护决策指挥、统筹规划与综合协调机制,定期议事,对重大管护项目进行研究、决策,并协调各行业、地区的活动。大沽河管理局作为执行机构,监督管理大沽河开发管理公司实施"大沽河管理联席会议"的各项决议,形成集中管理的决策执行机制。

二、建立大沽河数字信息系统

一是建立大沽河水利管理信息系统(WMIS)。大沽河水利管理信息系统(WMIS)是集防洪抗旱、流域资源利用、环境保护和水土保持四方面为一体的全方位系统。该系统根据水利工程管理的需求,及时、准确地监控和搜集所辖区域的水利资源信息,对水利资源形势做出正确的评估分析,对其发展趋势做出预测预报,依据现有的水利资源工程状况和配置计划快速提供管理方案,为决策者做出正确决策提供全面支持,以达到流域水利资源年计划、月分配、旬调整、实时监测的最优化配置目的。该系统以数字化流域为基础,利用各种遥测、通讯等高新科技手段,对流域或地区的水利资源及相关的大量信息进行实时采集、传输及管理;通过气象雷达、卫星遥感,依靠远程控制及自动化技术,对流域工程设施进行监测控制;运用决策支持或智能决策支持理论,以计算机技术为依托对流域资源进行实时、优化配置和调度。

二是建立监测与预警系统。大沽河管理局应建设水情测报、水质监测、橡胶坝监测、水文与气象监测等监测与预警系统。大沽河是青岛市非常重要的流域,其水情、气象、水质等指标直接与青岛市综合环境相关联,特别是防汛预警和水质问题,是各方面极其关注的对象,因此应在大沽河建设完善的监测系统,以完善橡胶坝的运行状况在线监测与控制系统、湿地边界水质在线监测系统、区内空气环境质量在线监测系统等;建设"数字大沽河"。

三、强化管护管理,提高管护质量

为了充分发挥大沽河管护的效益,必须采取强有力的措施,认真解决后期管护中的问题,提高管护质量。

严格执行管护标准,按照国家规定履行报批手续。大沽河水利管护程序和标准包括:项目建议书、可行性研究报告、初步设计、开工报告和竣工验收等工作环节。严禁任何部门、地区和项目法人擅自简化管护程序和越权审批。对违反管护程序、标准和审批权限的,要追究有关单位及其领导人的责任。

大沽河内各类水利工程建设的后期管护,必须建立和落实管护质量领导责任制。对水利工程设施的管护质量,要实行主管部门、大沽河管理局领导责任人制度。如发生重大管护质量事故,除追究当事单位和当事人的直接责任外,还要追究相关负责人的领导责任。

勘察设计、施工、监理等单位的法定代表人,要按各自职责对所承建项目的后期管护质量负领导责任。因参建单位工作失误导致重大管护质量事故的,除追究直接责任人的责任外,还要追究参建单位法定代表人的责任。

四、完善多种服务功能

一是提供科学决策服务。大沽河的生活、生产、防洪等各种利用方式间以及与水污染防治之间既相互联系、相互制约,又相互作用、相互影响构成大沽河资源系统,大沽河管理局需要引进系统论的方法,通过对各种利益冲突的协商、仲裁与模型分析来追求系统的整体最大功能。依据大沽河综合规划、区划、水资源中长期供求规划等的要求,确定一定时段内大沽河基本流量保障下限、可用水资源总量上限、排污总量上限等指标,利用系统模型分析各方权益、利益以及大沽河资源整体效益,通过各方磋商、流域管理机构仲裁、依据系统模型动态分析的结果来找出各方矛盾最小、利益最大、整体效益最优的系统优化方案,为大沽河资源开发、利用、节约、保护提供科学决策。

二是提供大沽河公众信息服务。公众依法享有监督权,大沽河资源开发、利用、节约、保护又涉及全流域所有公民及其子孙后代的切身利益,他们有权利、并切实关心大沽河资源状况,迫切需要了解大沽河资源从宏观到微观的管理以及生产实践中开发、利用、节约、保护水资源等方方面面的信息,以便决定如何参与管理、监督管理、监督大沽河资源开发、利用、节约、保护实践中的各种问题,这就要求大沽河管理局利用现代信息技术建立大沽河资源信息系统,搜集、发布各种水资源信息,依据公众参与的信息反馈,及时处理问题、更新决策,使大沽河资源管理公开、透明、科学、合法,保障社会经济持续发展。

第四节 加强大沽河管护的监督考核

大沽河管理局依法对大沽河干流水资源保护和水污染防治实行目标责任制与考核评价制度。

一、建立大沽河管护目标考核长效机制

建立健全大沽河管理目标考核制度。依据大沽河管理局规划的管护任务,按年度进行分解,明确目标、责任和完成时限,与建设计划一并下发执行,并将完成情况纳入年终考核。针对工作计划,"大沽河管理联席会议"定期召开专题会议,安排部署工作,研究解决工作中遇到的新问题,从管理到建设层层落实任务。监察、审计机构对大沽河管理局和大沽河开发管理公司管护资金落实情况进行全程跟踪监督,对管护工作建设资金投入、工作进度和考核指标的完成情况进行检查督办,确保管护工作有序开展。

建立健全大沽河监管长效机制。加快监管制度体系建设,建立监督制度,不断提高大沽河管护督查、防洪、水质、环境和流域抗旱工作执行力,推进大沽河管理维护监督、评估工作;加快人才队伍优化和管护设备更新,不断提高大沽河管护保障能力。

二、建立完善考核体系

一是饮用水安全考核。考核内容包括：禁止在大沽河饮用水水源保护区内设置排污口、有毒有害物品仓库以及垃圾场；建立饮用水水源保护区日常巡查制度，并在饮用水水源一级保护区设置水质、水量自动监测设施；对饮用水水源、供水设施以及居民用水点的水质进行实时监测；在蓝藻暴发等特殊时段，应当增加监测次数和监测点，及时掌握水质状况；发生供水安全事故，需按照职责权限启动相应的供水安全应急预案，优先保障居民生活饮用水。

二是水资源保护考核。考核内容包括：按照流域综合规划、水资源保护规划和经济社会发展要求，拟定大沽河水功能区划；在大沽河湖泊、河道从事生产建设和其他开发利用活动的，应当符合水功能区保护要求；大沽河管理局应当加强对水功能区保护情况的监督检查，定期公布水资源状况；发现水功能区未达到水质目标的，应当及时报告有关人民政府采取治理措施，并向环境保护主管部门通报；按照大沽河综合规划和大沽河水环境综合治理总体方案等要求，组织采取环保型清淤措施，对大沽河湖泊、河道进行生态疏浚；将大沽河承压地下水作为应急和战略储备水源，禁止任何单位和个人开采。

三是水污染防治考核。考核内容包括：实行重点水污染物排放总量控制制度，充分考虑限制排污总量意见，制订重点水污染物排放总量削减和控制计划；根据大沽河水污染防治和优化产业结构、调整产业布局的需要，制定水污染物特别排放限值；排污单位排放水污染物，不得超过经核定的水污染物排放总量，并应当按照规定设置便于检查、采样的规范化排污口，悬挂标志牌；加强对大沽河水产养殖的管理，合理确定水产养殖规模和布局；合理规划建设公共污水管网和污水集中处理设施，实现雨水、污水分流；统筹规划建设污泥处理设施，并指导污水集中处理单位对处理污水产生的污泥等废弃物进行无害化处理，避免二次污染；组建专业打捞队伍，负责当地重点水域蓝藻等有害藻类的打捞。

四是防汛抗旱与水域、岸线保护考核。考核内容包括：在市政府防汛抗旱指挥机构领导下，统一组织、指挥、指导、协调和监督大沽河防汛抗旱工作；按照岸线利用管理规划，组织划定大沽河岸线，设置界标；兴建建设项目，应当符合大沽河综合规划和岸线利用管理规划，不得缩小水域面积，不得降低行洪和调蓄能力，不得擅自改变水域、滩地使用性质；圩区建设、治理应当符合流域防洪要求，合理控制圩区标准，统筹安排圩区外排水河道规模，严格控制联圩并圩，禁止缩小圩外水域面积。

三、量化具体考核标准

大沽河后期管护的考核需量化考核办法，对大沽河管护进行河道管理量化考核，对成绩突出的予以表彰奖励，对因失职、渎职导致大沽河资源环境遭受严重破坏，甚至造成严重灾害事故的，要依照有关规定调查处理，追究相关人员责任。

大沽河管理考核的对象是大沽河开发管理公司，重点考核大沽河的管理与维护工作,包括组织管理、安全管理、运行管理和经济管理四类。具体考核办法可参照水利部颁布的《水利工程管理考核办法》执行。

对大沽河后期管护的考核采用千分制,具体考核办法可参照表2。

表2 大沽河管护考核标准

类别	项目	考核内容	标准分	赋分原则
一、组织管理（150分）	1. 管理体制和运行机制	管理体制顺畅,管理权限明确;实行管养分离,内部事企分开;分流人员合理安置;建立竞争机制,实行竞聘上岗;建立合理、有效的分配激励机制。	40	没有完成水管体制改革的,此项不得分。管理体制不顺畅,管理权限不明确扣10分;未实行管养分离扣5分;内部事企不分扣5分;分流人员未得到合理安置扣5分;未实行竞聘上岗扣5分;未建立合理、有效的分配激励机制扣10分。
	2. 机构设置和人员配备	管理机构设置和人员编制有批文;岗位设置合理,按部颁标准配备人员;技术工人经培训上岗,关键岗位要持证上岗;单位有职工培训计划并按计划落实实施,职工年培训率达到30%以上。	30	机构设置和人员编制无批文扣10分;岗位设置不合理,人员多于部颁标准配备或技术人员配备不能满足管理需要扣10分;技术工人不具备岗位技能要求,未实行持证上岗扣5分;无职工培训计划或职工年培训率未达到30%扣5分。
	3. 精神文明	管理单位领导班子团结,职工敬业爱岗;庭院整洁,环境优美,管理范围内绿化程度高;管理用房及配套设施完善,管理有序;单位内部秩序良好,遵纪守法,无违反《计划生育条例》行为发生;近三年获县级(包括行业主管部门)及以上精神文明单位称号。	40	单位领导班子不团结,职工思想不稳定扣10分;绿化程度在本地区属差的,扣5分;环境不优美,庭院不整洁扣5分;管理用房及文、体等配套设施不完善扣5分;单位有违法违纪行为或违反《治安管理条例》的,每起扣5分;未获县级及以上(或行业主管部门)精神文明单位称号扣10分。发生违反《计划生育条例》行为的,此项不得分。
	4. 规章制度	建立、健全并不断完善各项管理规章制度,包括人事劳动制度、学习培训制度、岗位责任制度、请示报告制度、检查报告制度、事故处理报告制度、工作总结制度、工作大事记制度等,关键岗位制度明示,各项制度落实,执行效果好。	20	规章制度不健全,每缺1项扣1分;关键岗位制度未明示扣5分;制度执行效果差,扣10分。
	5. 档案管理	档案管理制度健全,有专人管理,档案设施齐全、完好;各类工程建档立卡,图表资料等规范齐全,分类清楚,存放有序,按时归档;档案管理获档案主管部门认可或取得档案管理单位等级证书。	20	档案管理制度不健全扣2分;无专人管理扣2分;档案设施不齐全扣2分;工程没有建档立卡,每缺1项扣2分;工程技术档案分类不清楚、存放杂乱扣10分;不按时归档扣2分;未获档案管理主管部门认可或无档案管理单位等级证书扣4分。

续表

类别	项目	考核内容	标准分	赋分原则
二、安全管理（320分）	6. 工程标准	河道堤防工程达到设计防洪（或竣工验收）标准。	30	河道堤防工程达不到设计防洪（或竣工验收）标准的，按长度计每10%扣3分。
	7. 确权划界	按规定划定河道管理范围及工程管理和保护范围；划界图纸资料齐全；工程管理范围边界桩齐全、明显；工程管理范围内土地使用证领取率达95%以上。	30	管理范围内未进行确权划界的，此项不得分。未完成确权划界，按边界长度每低10%扣3分；划界图纸资料不全的扣5分；边界桩不齐全、不明显扣5分；土地使用证领取率低于95%的，每低10%扣2分；保护范围不明确扣5分。
	8. 建设项目管理	河道滩地、岸线开发利用符合流域综合规划和有关规定；对河道管理范围内建设项目情况清楚；依法对管理范围内批准的建设项目进行监管管理；建设项目审查、审批及竣工验收资料齐全。	30	违章利用岸线和滩地每处扣5分；对河道内建设项目情况不清楚的扣10分；对管理范围内批准的建设项目监管不力扣10分；建设项目资料不全扣10分。
	9. 河道清障	对河道内阻水生物、建筑物的数量、位置、设障单位等情况清楚；及时提出清障方案并督促完成清障任务；无新设障现象。	20	对河道内阻水生物数量不清楚的扣5分；阻水建筑物每处扣2分（最高扣10分）；未全面清障又无清障计划或方案扣5分；对新设障制止不力扣10分。
	10. 水行政管理	定期组织水法规学习培训，领导和执法人员熟悉水法规及相关法规，做到依法管理；水法规等标语、标牌醒目；河道采砂等规划合理，无违法采砂现象；对其他涉河活动依法进行管理；配合有关部门对水环境进行有效保护和监督；案件取证查处手续、资料齐全、完备，执法规范，案件查处结案率高。	40	未组织水法规培训，领导和执法人员不熟悉水法规的扣5分；无宣传标语、标牌扣5分；发现违法采砂现象未及时制止的扣5分；对其他涉河活动监管不力的扣5分；对在河道内堆放、倾倒、掩埋污染源及清洗有毒污染物等未及时制止并向上级报告的扣5分；案件查处手续、资料不完备，违规执法的扣5分；案件查处结案率低于90%的，每低5%扣3分。
	11. 防汛组织	各种防汛责任制落实，防汛岗位责任制明确；防汛办事机构健全；正确执行经批准的汛期调度运用计划；抢险队伍落实到位。	20	防汛责任制不落实、岗位责任制不明确扣5分；防汛办事机构不健全扣5分；调度运用计划执行不当扣5分；抢险队伍不落实、不到位扣5分。
	12. 防汛准备	按规定做好汛前防汛检查；编制防洪预案，落实各项度汛措施；重要险工险段有抢险预案；各种基础资料齐全，各种图表（包括防汛指挥图、调度运用计划图表及险工险段、物资调度等图表）准确规范。	20	未作汛前检查扣5分；没有防洪预案、度汛措施不落实扣5分；重要险工险段无抢险预案扣5分；基础资料不全、图表不规范扣5分。

续表

类别	项目	考核内容	标准分	赋分原则
二、安全管理（320分）	13. 防汛物料	各种防汛器材、料物齐全，抢险工具、设备配备合理；仓库分布合理，有专人管理，管理规范；完好率符合有关规定且账物相符，无霉变、无丢失；有防汛料物储量分布图，调运及时、方便。	20	防汛器材、设施不全，抢险工具、设备配备不合理扣5分；仓库分布不合理、无专人管理、管理不规范扣5分；料物、器材、设备账物不符、完好率低于规定扣5分；无料物储量分布图、调运困难扣5分。
	14. 工程抢险	险情发现及时、报告准确；抢险方案落实，险情抢护及时，措施得当。	30	险情发现不及时，报告不准确，此项不得分。抢险方案不落实扣10分；险情抢护不及时、措施不得当扣20分。
	15. 工程隐患及除险加固	对堤防进行有计划的隐患探查；工程险点隐患情况清楚，根据隐患探查结果编写分析报告，并及时报上级主管部门；有相应的除险加固规划或计划；对不能及时处理的险点隐患要有度汛措施和预案。	40	没有对堤防进行隐患探查扣10分；没有工程险点隐患探查成果分析报告扣10分；未及时上报扣5分；没有除险加固规划（由有资质单位编制）或计划扣10分；不能及时处理险点隐患又没有度汛措施和预案扣10分。
	16. 河道安全	在设计洪水（水位或流量）内，未发生堤防溃口或其他重大安全责任事故。	40	在设计洪水（水位或流量）条件下发生堤防溃口，此项不得分。发生其他重大安全责任事故，每起扣20分。
三、运行管理（410分）	17. 日常管理	堤防、河道整治工程和穿堤建筑物有专人管理，按章操作；管理技术操作规程健全；定期进行检查、维修养护，记录规范；按规定及时上报有关报告、报表。	30	工程无专人管理的扣5分；操作规程不全缺1项扣2分；没有定期进行运行检查、维修养护的扣5分；各种记录不清楚、不规范的扣5分；技术报告、报表缺1项扣2分。
	18. 堤身	堤身断面、护堤地（面积）保持设计或竣工验收的尺度；堤肩线直、弧圆，堤坡平顺；堤身无裂缝、冲沟、无洞穴、无杂物垃圾堆放。	30	堤身断面（高程、顶宽、堤坡）、护堤地（面积）不能保持设计或竣工验收尺度的扣10~20分；堤肩线不顺畅、堤坡不平顺扣5~10分；发现堤身裂缝、冲沟、洞穴、堆放杂物垃圾等每处扣5分。
	19. 堤顶道路	堤顶（后戗、防汛路）路面满足防汛抢险通车要求；路面完整、平坦，无坑、无明显凹陷和波状起伏，雨后无积水。	30	堤顶路面不满足防汛抢险通车要求扣10~20分；堤顶路面不平，雨后有积水扣10分。
	20. 河道防护工程	河道防护工程（护坡、护岸、丁坝、护脚等）无缺损、无坍塌、无松动；备料堆放整齐，位置合理，工程整洁美观。	40	工程有缺损、坍塌的，每处扣5分；备料堆放不整齐、位置不合理扣10分；工程上杂草丛生，脏、乱、差扣10分。
	21. 穿堤建筑物	穿堤建筑物（桥梁、涵闸、各类管线等）符合安全运行要求；金属结构及启闭设备养护良好、运转灵活；混凝土无老化、破损现象；堤身与建筑物联结可靠，结合部无隐患、无渗漏现象。	30	穿堤建筑物不符合安全运行要求的扣10分；启闭机运转不灵活、金属构件锈蚀扣5分；混凝土老化、破损扣5分；发现隐患、渗漏现象扣10分。

续表

类别	项目	考核内容	标准分	赋分原则
三、运行管理（410分）	22.害堤动物防治	在害堤动物活动区有防治措施，防治效果好；无獾狐、白蚁等洞穴。	20	对害堤动物无防治措施，且防治效果不好的扣10分；发现獾狐、白蚁等洞穴未及时处理的，每处扣5分。
	23.绿化工程	工程管理范围内宜绿化面积中绿化覆盖率达95%以上；树、草种植合理，宜植防护林的地段要形成生物防护体系；堤坡草皮整齐，无高秆杂草；提肩草皮（有堤肩边埂的除外）每侧宽0.5 m以上；林木缺损率小于5%，无病虫害；有计划对林木进行间伐更新。	30	绿化覆盖率达不到95%扣5分；宜植地段未形成生物防护体系扣5分；堤坡草皮不整齐、有高秆杂草等扣5分；提肩草皮不满足要求扣5分；林木缺损率高于5%的，每缺损5%扣2分；发现病虫害未及时处理或处理效果不好扣5分；无计划采伐林木扣5分。
	24.工程排水系统	按规定各类工程排水沟、减压井、排渗沟齐全、畅通，沟内杂草、杂物清理及时，无堵塞、破损现象。	30	工程排水系统不完整扣15分；排水沟、排渗沟、减压井破损、堵塞每处扣5分。
	25.工程观测	按要求对工程及河势进行观测；观测资料及时分析，整编成册；观测设施完好率达90%以上。	40	未进行观测此项不得分。观测资料未分析扣10分；资料未整编或整编不规范扣10分；观测设施完好率低于90%的，每低5%扣2分。
	26.河道供排水	河道（网、闸、站）供水计划落实，调度合理；供、排水能力达到设计要求；防洪、排涝实现联网调度。	20	河道供水计划不落实扣10分；供、排水能力达不到设计要求扣5分；防洪、排涝调度不合理扣5分。
	27.标志标牌	各类工程管理标志、标牌（里程桩、禁行杆、分界牌、疫区标志牌、警示牌、险工险段及工程标牌、工程简介牌等）齐全、醒目、美观。	20	河道防护工程及险工段标志牌、简介牌缺1个扣2分；其他各类必设管理标志、标牌每缺损5%扣1分。
	28.管理现代化	有管理现代化发展规划和实施计划；积极引进、推广使用管理新技术；引进、研究开发先进管理设施，改善管理手段，增加管理科技含量；工程观测、监测自动化程度高；积极应用管理自动化、信息化技术；系统运行可靠、设备管理完好，利用率高。	20	无管理现代化发展规划和实施计划扣5分；办公设施现代化水平低扣5分；未建立信息管理系统扣5分；未建立办公局域网扣5分；未加入水信息网络扣5分；工程未安装使用监视、监测系统，每缺1项扣2分；系统设备运行不可靠、使用率低扣5分。
	29.垃圾清运	日常垃圾必须自觉倒入就近垃圾池或垃圾箱内，严禁将垃圾倒入河道和水源地；生活垃圾日产日清，要做到密闭运输、定点倾倒，清运过程做到垃圾不落地；垃圾实行定点及时填埋等无害化处理；对垃圾箱、垃圾池和垃圾填埋场要定期消毒。	30	日常垃圾管理不规范扣10分；没有做到密闭运输、定点倾倒，清运过程做到垃圾不落地的扣10分；未实行定点及时填埋、定期消毒等措施扣10分。

续表

类别	项目	考核内容	标准分	赋分原则
三、运行管理（410分）	30. 亮化设施管理	负责按道路照明设施的数量安排下达养护、维修计划，保证负责范围内照明设施正常运行，确保亮灯率达到98%；进行日常及夜间路灯巡检，做好巡检记录；及时安排和下发安全活动计划，每月定期对负责范围内的亮化设施进行安全检查，发现问题及时处理。	20	亮灯率未达到98%扣5分；巡检记录不规范扣5分；未定期对负责范围内的亮化设施进行安全检查的扣10分。
	31. 隔离栅管护	联合巡查治理，对损坏的隔离栅进行加固、修复；制定详细隔离栅检查保护制度，并做好保护记录。	20	未对损坏的隔离栅修复的扣10分；没有实质性隔离栅保护措施的扣10分。
四、经济管理（120分）	32. 财务管理	维修养护、运行管理等费用来源渠道畅通，"两项经费"及时足额到位；有主管部门批准的年度预算计划；开支合理，严格执行财务会计制度，无违规违纪行为。	30	资金来源渠道不畅通扣10分；公益性人员基本支出和工程维修养护费未能及时足额到位，每低10%扣5分，低于60%，此项不得分；没有按照批准的年度计划执行扣10分；审计报告中有违规违纪行为的，每起扣10分。
	33. 工资、福利及社会保障	人员工资及时足额兑现；福利待遇不低于当地平均水平；按规定落实职工养老、失业、医疗等各种社会保险。	30	工资不能按时发放扣5分；工资不能足额发放扣5分；福利待遇低于当地平均水平扣5分；未按规定落实职工养老、失业、医疗等社会保险，每缺1项扣5分。
	34. 费用收取	按有关规定收取各种费用（河道工程修建维护管理费，供、排水费等），收取率达到95%以上。	30	各项费用收取率（分别计算收取率，取其算术平均值）低于95%的，每低5%扣3分。
	35. 水土资源利用	有水土资源开发利用规划；可开发水土资源利用率达到80%以上，经营开发效果好。	30	没有水土资源开发利用规划扣10分；可开发水土资源利用率达不到80%的扣10分；经营开发效果不好，出现亏损扣10分。

第五节　建立集中管理模式下的投资体系

在社会主义市场经济的条件下，主要以财政投入来管理维护水利工程体系的现状，已越来越不适应经济社会发展的需要。传统财政投资体制存在的最大弊端是"两个分离"：一是投资者与受益者分离；二是投入与产出分离。最终导致了有限财力对大沽河管理维护显得力不从心，财政投资的利益得不到体现，受益者对受损者没有明确的补偿，这些都对流域管理维护产生了极为不利的影响。因此，改革流域管理维护的财政投资体系，建立以财政投入为主体的多元化、多层次、多渠道的大沽河集中管理模式的投资管理体系，对于适应新型的流域集中管理体制，提升流域管理维护效果与治理，促进经济社会的发展，具有重大意义。

一、投资原则

1. "谁受益、谁负担"的投资原则

首先,必须使受益者和投资者挂起钩来,明晰产权关系,使社会效益与经济效益集中起来;其次,要加强宣传力度,改变人们传统的意识,树立起"受益就必须付出"的观念。

2. 投资主体与管理主体相集中的原则

在市场经济条件下,谁投资最多谁就拥有管理权,这是不容置疑的;反过来,拥有管理权的同时也应拥有投资决策权。发达国家的成功经验表明,实行流域集中管理模式能够有效地解决长期以来困扰流域管理维护的产权虚置、投资风险责任缺位、筹资建设与管理经营脱节、管理效益低下等问题。

3. 骨干工程与配套工程在投入体制上相区别的原则

骨干工程是流域治理体系的关键部分,关系到整个流域的正常运行,具有极其重要的作用。因此,对于流域骨干工程的管理维护应以财政投入为主,由流域管理机构统筹协调。而对于河道内配套工程的建设与管理维护,可建立起国家、集体、个人相结合的投资体制。

二、投资主体

广开投资渠道,建立稳定的大沽河管理投资来源解决投入问题。由于水利工程主要具有公益性功能,从客观上决定了财政投入必须作为治理后期大沽河管理投资的主体。当然,只靠财政投入是远远不够的,后期管理的发展必须有社会各界的多层次、多渠道的投入支持。

目前,水利管理投资体系主要有三大主体:

第一是国家投资主体。主要投资来源:各级财政预算内拨款;基础设施债券;水利建设基金;行政事业性收费及经营性收入;国有银行贷款;以工代赈等。

第二是社会投资主体。主要渠道:发行各种水利债券;以股份合作制管理维护水利、水土保持等;资金与资源置换;企业化投资机制;流域洪水保险;群众投劳、以工补劳;捐赠等。

第三是外资投资主体。主要包括:利用国际金融机构的资助与贷款,引进外资;境外资助与贷款、国际债券;利用国外政府贷款和援助。

在大沽河水利设施管理中应稳固国家财政投资主体,拓展社会投资主体,积极引进外资。

三、投资机制

1. 合理划分事权

按照水利产业政策及有关法律法规的精神,合理确定事权,哪些环节由国家全额投入,哪些需国家投资引导,哪些通过股份制或其他方式,由社会投入进行建设;哪类项目使用无偿投资,哪些项目使用有偿投资或贷款。这一系列问题都必须加以明确研究,只

有分清事权,明确责任,才会调动各方面的积极性,促进水利管理维护工程的发展。

2. 合理确定各类项目的投资渠道和分担比例

大型调水工程和流域资源综合利用骨干工程的主体工程投资,应以国家财政投资为主,配套工程投资由市场筹集。工业节水工程、城市生活用水和节水工程资金,应按照"谁受益、谁承担"的原则,以受益单位、个人等社会投资主体承担,国家可视情况投入少量必要的引导资金。农业节水工程,由受益单位及个人承担,国家适当提高补助比例,鼓励发展节水灌溉工程,限制常规灌溉工程发展。生态环境用水工程投资,原则上应由受益单位及个人承担,国家可视情况适当补助。

流域资源保护、水污染治理等工程投资,原则上应本着"谁污染、谁治理"的原则由污染者承担。此外,对于有直接经济效益的项目,可以采取股份制、国内外贷款等渠道筹集资金。如城镇供水工程,用户明确,产权明晰,只要有合理的价格,有直接效益,管理维护投资可完全由业主负责。

四、投资流向

在大沽河综合治理后的管理维护中,防洪工程的管理维护投资占据了绝对的主要地位,但与此同时,流域资源工程、流域资源保护工程和水土保持工程的管理维护相对落后,必须针对以上问题,大力调整管护资金的流向,使流域资源生态环境与经济社会同步发展,以适应时代发展的要求。

从水利工程管理维护的进程看,从以防洪工程管护为主的阶段向流域资源和水环境管护阶段过渡。随着经济社会的进步,在大沽河的后期管理维护中,要在搞好水利工程管理维护的同时,重视非工程投资,管护资金的投资流向应逐步向美化生态环境、景观水利、电子化管理等方面延伸。

第六节 建立规范大沽河的水市场体系

大沽河综合治理后,如仍按传统方式管水用水,势必造成水资源的极大浪费。在社会主义市场经济条件下,应充分发挥市场的调节作用,积极培育和建立大沽河水市场体系。由于水商品的特殊性,不能像纯公共商品那样由买卖双方自由定价,也不可能离开政府的宏观调控。在这种意义上讲,水市场是一个不完全的市场,是一个准市场。要建立水市场体系,应重点解决好水权和水价问题。

一、建立科学水权体系

随着经济社会发展和环境保护的需要,为了使有限的水资源得到合理高效的利用,明确水权显得极为迫切和重要。广义上的水权包括水资源的所有权、使用权和经营权。按照我国现行法律规定,水的所有权属于国家;对于用水户而言,水权指水资源的使用权;对投资人而言,水权指水资源的经营权。水资源的经营权转让只有在投资人转让其供水工程产权时,才会随之发生。因此,通常所讲的水权转让,是指水资源的使用权转让。

水权转让是通过水权交易进行的,水权交易是指水权的持有者在水市场上对其拥有的水权进行公开买卖的行为。水权交易的前提是以该流域或次级流域的水资源使用权被充分合理地分配,也就是只有在用水户确实都拥有了水权之后,水权交易行为才会产生,水市场也才有可能形成。水权分配应遵循基本生活保障用水优先、水源地用水优先、效益高的产业优先以及经营者优先的原则。在水权转让过程中,每个用水户可以根据其目前经济活动中需水量的多少,出售多余的水量,必要时也可以购入所需的水量。水权交易提供了一种机会,使得用水户在任何时候都有获取与经济活动相适应需水量的可能。对于售水者而言,通过出售多余的水量增加资金、引进更为高效的节水技术;对于购入者而言,也可得到兴办新企业的机会,或者用购得的水权扩大现有生产规模。同时,通过水权转让可以增加水的市场价值,使水的价值变得更高,用于高产出的企业,并且可以鼓励高效用水。当然,水权的转让是以不影响第三方利益为前提的,特别是发生跨流域(或次级流域)交易时,必须开展水权转让对本流域(或次级流域)其他用户、水资源承载能力以及环境等方面影响的论证。

二、建立合理水价政策

制定合理的水价政策,无论是对当前还是今后在水资源的开发、利用、治理、配置、节约、保护等方面都会起到积极的作用,有利于促进水资源的可持续利用。

水资源集中管理的合理水价政策就是按照市场经济模式建立起来的有利于促进水资源合理开发和可持续利用,以提高用水效率为目的的水价体系和水价形成机制。

在水价标准方面,应充分考虑流域及次级流域的不同情况,合理划分水价标准。对于水资源严重短缺的流域(或次级流域),其水价标准应高于水资源相对丰富的流域(或次级流域)。

各类供水价格应根据国家经济政策及用水户的承受能力,按照"成本补偿、合理收益、公平负担"的原则,在成本核算的基础上,制定合理的水价政策,对不同用户实行不同的水价。农业用水原则上保本,即按成本定价,这是价格的最低界限。生活用水价格高于农业用水价格,工业用水高于生活用水价格,特种行业用水价格应当更高。

对于地下水严重超采地区,应提高利用地下水的供水价格,做到优先使用地表水,限制或严禁利用地下水特别是深层地下水。污水资源在经过处理后,其价格应低于正常水源供水价格,鼓励用户使用。对海水利用,也应积极鼓励。

三、清理整顿水价秩序

要加强水价管理,尤其是农业水价的计收管理,要实行"水价、水量、水费"三公开制度,规范计收标准,简化计收程序,完善计量设施,创造条件引导各级供水单位按实际供水量和规定的水价计收水费,改变按亩收费的习惯方式,禁止按人头摊水费等不规范的收费行为。要提高水费计收和使用管理的透明度,清理"搭车"、截留挪用水费的现象,减轻农民负担。

第七节 远期综合开发构想：构建大沽河生态新区

本书将上述开发模式定义为小开发，仅局限于河道内。当条件成熟时以大沽河沿岸一定区域范围为界，建制大沽河生态新区，对流域资源进行综合开发，实现再造一个青岛新区的目标。

一、愿景目标

大沽河生态新区的综合开发，应以完善城市生态功能、提升示范价值、增强可持续发展能力为目标，深入开展资源的合理配置、防洪体系的提高完善、水环境的治理优化、水土保持林业生态治理、环境保护等各项工作，建设良性循环的生态环境体系，恢复大沽河的水资源、防洪、环境、景观文化功能，发挥大沽河生态区的"水利功能、环境生态功能、旅游娱乐功能、城市历史文化功能"。

大沽河生态新区建设应当重点抓好生态环境治理、生态景观、生态人居、生态产业、生态文化五大体系建设。

一是生态环境治理。加强大沽河生态建设，彻底改变河流污染、沙坑遍布的环境状况。注重对资源环境和生物多样性的保护，以绝对优势的生态用地比例确保实现城市生态功能，以大面积连片的林地、湿地建设确保充分发挥生态功能，形成"大开大合、大疏大密、水绿相间、错落有致"的生态环境。

二是恢复生态景观。将生态环境作为区域发展的第一资源倍加爱护和经营，以保护和恢复原生态湿地景观为主要任务，建立包括湿地保护区、湿地恢复区、湿地建设区及人工湿地所组成的湿地体系，使大沽河湿地成为青岛市最具特色的城市湿地景观区域，完善青岛市的生态功能，提升城市环境品质。

三是形成生态人居品牌。打造生态新城，以管委会做框架、企业做地块的发展模式开发生态新城，使人居环境质量得到有效保证。落实支持鼓励措施，引导企业积极参与生态建设，新开发项目从建筑节能、垃圾收集到可再生能源利用、立体绿化，从社区环境管理到居民环境意识，渗透生态理念。全面推行绿色建筑，积极推进垃圾分类收集处理，医疗、教育等城市重要基础配套设施，人居环境低碳化、舒适化，发展成为区域共识，创建最佳人居环境。

四是发展生态产业。坚持以循环经济理论统领区域产业发展，加快转变经济发展方式，推动产业结构优化升级，大力减少污染排放量，推动经济在区域、流域乃至更大范围内实现循环和互补。形成集群化、高端化、国际化的现代服务业发展格局，与青岛市支柱产业之间的循环和连接不断强化，形成错位发展、跨越发展的强劲势头。

五是呈现多元生态文化。通过水生态系统的水文学、水化学、水生态、水景观、水文化等方面的全面治理，城市品位得到提升，市民生活和休闲环境得到改善，人水和谐得到极大的促进。坚持"以人为本"，把提高公众生态文明水平与转变生产生活方式和消费观念结合起来，统筹到水生态建设中。广泛开展水环境宣传教育，增强公众的生态意识，使生态标准成为公众自觉遵守的道德规范。充分挖掘大沽河历史文化资源,利用每年世界水日、中国水周、生物多样性日、湿地日、环境日等各种主题节日,广泛开展主题实践教育活动。积极开展湿地公园建设,加强湿地科普教育,提高公众湿地环境保护意识,依托污水处理厂建立水环境教育基地,增强市民的生态环保道德责任感,加快构建水生态文化体系。

预计到2020年,大沽河生态区将基本建成集生态、会展、商务、休闲、文化、居住等功能于一体的新城区。通过对大沽河的立体治理,重塑"天蓝雁翔、水清鱼跃、烟霞鸥鹭"的美好生态环境,实现资源与环境的安全保障,完成健康生态体系与特色产业结构的对接,未来将建设成为旅游业新目的地、现代服务业新高地、高端金融服务城、才智经济创新城、宜居生态示范城。

二、综合开发概述

在大沽河干流沿线两侧各约1千米、局部结合城镇和旅游节点沿岸两侧放大至3~6千米的规划范围内建立大沽河生态区。生态区总用地约690平方千米,主要以生态绿地为主,包括堤坝内外的农田、林地、水域、湿地等,用地比例约为85%,其中水域面积124.37平方千米,包括大小沽河桃源河干流、产芝水库和棘洪滩水库等,水域用地占总用地比例为18.02%。

在生态区内实行岸线空间综合开发。在这个空间范围内有满足多种利用方式开发的资源,主要包括满足生活休闲、旅游、农业、服务产业、赛事展览等。就内河岸线而言,还应包括分布在河流岸边或中心的洲滩资源,这些资源都是岸线资源。

三、综合开发的价值与效益

1. 价值分析

生态价值。大沽河生态区综合开发,可进一步改善水系水质,营造水系自然景观,最终使大沽河水面相连,实现"城水相依、水清岸绿、人水和谐"的生态环境,充分提升和改善两岸居民的生活环境。综合开发实施后,将有效地保护该区域的森林资源、湿地资源和野生动物资源,进一步丰富其生物多样性,充分发挥森林、湿地的生态效益。同时生态区独特的森林生态系统、多样性的动物种群和植物群落,为科研教育提供了对象、材料和试验基地,促进生态保护事业的发展。

城市空间拓展价值。大沽河是青岛市主要河流和重要的城市水源地,对青岛市有着不可替代的生态功能,既是青岛可持续发展的重要基础,也是丰富城市内涵,兑现城市价值,提升城市综合承载能力的重要构成。对大沽河生态区的综合开发,一系列重大区域性生态环境综合整治与生态建设工程得以实施,沿河两岸区域的生态区环境综合管理能力与水平不断提升,城市面貌焕然一新,对改善商住环境、保障出行安全、拓展城市空间、提升城市形象具有重大意义。

社会经济价值。大沽河生态区的公共开发,不仅可以为城市居民近水空间提供一些日常休闲活动场所。而且,优质的岸线环境和景观美化可以有力地促进水域沿岸环境整顿和土地利用、交通疏导等的改善，提高沿岸土地利用价值，同时更可以作为一种游憩资源带动沿岸及城市经济发展，增加城市财政收入。如西安浐灞河、南京秦淮河、成都府南河、桂林市区漓江的旅游开发、上海苏州河开发等，都积极地促进了当地城市的社会经济发展。

土地利用价值。对大沽河生态区的开发，可促进沿岸用地的功能整合、提升土地利用价值。随着城市社会发展和产业结构的调整，对原来大量集中在大沽河生态区地带的用地进行整合调整，可提升沿线土地利用价值。

环境景观价值。加强大沽河生态区的生活化开发建设，积极建设优质的沿岸景观环境，努力为市民在市区内提供一处亲近自然的休闲场所和机会。良好的滨水休闲空间建设，不仅仅体现在自然绿化上，沿岸的商业气氛和文化娱乐设施，以及沿岸的旅游观光和市民休闲生活场所也是必需的。

2. 效益分析

（1）总体环境效益

一是促进污染物减排，加强环境保护。通过大沽河生态区建设，完善大沽河流域内污水处理、生活垃圾处理等基础设施，可进一步增加环保措施，减少环境负面影响。

二是提升周边环境质量。大沽河生态区建设可进一步改善水系水质，营造水系自然景观，最终使大沽河水面相连，实现"城水相依、水清岸绿、人水和谐"的生态环境。

三是保护生物多样性，促进生态保护事业发展。大沽河生态区建设，将有效地保护该区域的森林资源、湿地资源和野生动物资源，保护濒危鸟类、候鸟迁徙以及其他野生动物的栖息繁殖地，进一步丰富其生物多样性，充分发挥森林、湿地的生态效益，提高人们的生态保护意识，促进生态保护事业的发展。

（2）总体社会效益

大沽河生态区的重要作用主要体现在社会效益上。

一是保障人民生命和财产安全。通过防洪工程建设，大沽河全线防洪标准由"二十年一遇"（局部"五十年一遇"）提高到国家规定的"五十年一遇"，建成两岸232千米长的防洪大堤，大大提高了河道防洪能力，减轻或免除洪灾，可避免洪水泛滥可能产生的瘟疫流行、水质恶化、生存环境恶化的严重危害，为人民提供能稳定生产、生活的环境，保障人民生命和财产安全。

二是提高人民生活水平和质量。通过大沽河生态区建设，将不断改善大沽河流域的环境污染状况，逐步形成良好区域生态环境，显著提高城乡饮水安全保障程度，为公众提供舒适的生产、生活环境，改善城乡人民健康状况，提高人民群众生活水平。

三是促进区域经济社会发展。综合开发将建成"洪畅、堤固、水清、岸绿、景美"的大沽河生态区，将大沽河沿岸建成贯穿青岛南北的防洪安全屏障、生态景观长廊、滨河交通轴线，促进区域旅游资源的开发和旅游业的发展，使人口、资源、环境与经济走上可持续发展的道路，全面促进流域经济社会的可持续发展，缩小城乡差距、南北差距，加快大青岛北部区域崛起。

(3) 土地增值效益

通过实施大沽河生态区建设,大沽河沿岸区域防洪标准进一步提高,生态环境得到改善,交通更加便利。从经验来看,大沽河生态区经济效益除各项工程的直接效益外,更体现在带动周边土地增值的效益上。

根据《青岛市大沽河流域保护与空间利用总体规划》,在大沽河干流沿线两侧各约1千米的、局部结合城镇和旅游节点沿岸两侧放大至3～6千米的规划范围内总用地约690平方千米,主要以生态绿地为主,包括堤坝内外的农田、林地、水域、湿地等,用地比例约为85%,其中水域面积124.37平方千米,包括大小沽河桃源河干流、产芝水库和棘洪滩水库等,水域用地占总用地比例为18.02%。规划范围内原有农村建设用地面积约50平方千米。整合河流沿岸的村庄,集中建设新型农村社区,规划每户住宅建筑面积150平方米,经济发展用地50平方米(由社区统筹使用),节约村庄建设用地约20平方千米。

在通过大沽河治理工程节约的20平方千米建设用地中,扣除绿化、市政、交通及公共设施用地外并考虑大沽河水源地等因素,可出让的开发建设用地按40%考虑,为8平方千米。

借鉴2012年大沽河沿岸平度南村、即墨移风店、莱西城区滨河节点现状土地价格,按40万元/亩考虑,5年后地价升值76%后为70.5万元,按5年平均出让,8平方千米土地价值为76.5亿元,扣除20平方千米基础设施配套投入24亿元(1.2亿元/平方千米),土地净收益约52.5亿元,每年土地出让收入为10.5亿元。同时可带动周边区域更大范围内土地增值,预计土地年均增长率约12%。

(4) 量化综合效益

与大沽河本身密切相关的防洪、水源开发、生态、交通、旅游等五项工程建成年产生的可量化社会综合效益约为每年20亿元,具体如表3所示,而且会随着经济社会的发展逐年增长。

表3 大沽河生态区建设社会综合效益分析表(单位:万元)

序号	项目名称	年维护成本	建成年效益	备注
1	防洪工程	2 980	31 818	年维护费用按其投入1%考虑,效益增长率考虑经济社会发展,保护范围内财产增值按3%考虑。
2	水源开发工程	2 655	5 594	年维护费用按其投入1.5%考虑,水价由于相对稳定,考虑效益增长率。
3	交通工程	690	9 071	养护费用按3万元/千米考虑,效益增长率按交通增长率考虑。
4	生态工程	19 181	90 619	由于主要是净化空气等效益,效益增长率暂不考虑。
5	旅游	30 780	69 300	维护、运行成本按其投入的20%测算。
合计		56 286	206 402	

(5) 直接经济收益与流域管理维护效益

若大沽河生态区综合开发前4年收益情况分别为理想状态的50%、75%、90%、100%；其中前3年为原始资本积累阶段，所获收益暂不与各区市分享；第4年起可实现正常运营，所获收益由各区市以所占股份为依据共享；第5年开始正常运营并获得持续增长收益（假设增长率为每年5%）。则大沽河生态区经济收益及管护情况预测如表4所示。

表4 大沽河生态区经济收益及管护情况预测表（单位：万元）

	第一年	第二年	第三年	第四年	第五年
土地出让收益	105 000	105 000	105 000	105 000	105 000
直接经济收益	75 058	112 587	135 104	150 116	157 622
区域年维护成本	65 829	69 121	72 577	76 205	80 016
结余资金	114 229	148 466	167 528	178 911	182 606

四、实施建议

将大沽河沿岸（或有条件的部分干流沿岸）划定一定的离岸范围，设立青岛大沽河生态新区，成立青岛大沽河生态功能区管委会，作为青岛市委、市政府派出机构。主要职能包括：划定具体管理范围并形成法规；审批大沽河生态区的相关规划，如城镇体系规划、各专项规划、大沽河生态区各地区的控制性详细规划、重要地区的沿河城市设计等；对已批准建设的计划实施情况进行追踪，以保证计划的顺利实施；负责工程建设项目验收的监督管理工作；建立并维护大沽河生态区综合资源信息中心，为公共用途提供相关数据；负责向青岛市政府大沽河生态区综合资源管理的决策提供建议；协同有关机构制定和评估一些专项开发计划及项目；负责所属流域的污染控制和环境保护。

由青岛大沽河生态功能区管委会出资组建青岛大沽河综合开发集团公司，沿河各区市政府投资入股，集中开发生态功能区资源。开发收益由各投资方按比例分成。

大沽河综合开发集团公司是大沽河生态功能区管委会直属的国有独资公司，是行使区域开发、融资、建设、经营的综合城市运营商。公司拥有和行使国有法人资产权，拥有开发建设大沽河生态区的主导平台、投融资平台和城市运营平台，承担着大沽河河道治理、基础设施建设、管理与维护、资产经营和国内商业项目开发等多项任务，作为独立的法人主体和经营主体，授权对大沽河生态区相关国有土地实施一级开发，对大沽河公用设施实施特许经营管理，为大沽河生态区相关企业、居民等开展物业管理、项目管理、经营代理、仓储物流、信息咨询等经营活动。主要经营范围包括基础设施、旅游项目、旅游设施、旅游产品、景区、房地产、交通设施、文化体育设施、康复保健设施、餐饮设施的开发、经营；城市建设、金融、工业、商业、高科技项目、综合治理项目投资等。

大沽河管护实施由大沽河生态区综合开发集团公司承担，管委会对公司的管护效果进行考核监督。管委会需成立以管委会主要领导为组长的"大沽河管理维护工作领导小组"。领导小组定期召开协调会议，研究解决大沽河管护工作遇到的各类问题，全力推进各项目标任务的顺利完成。依据责任分工,由生态区监察审计局强化项目跟踪检查、协调服务和监督管理机制,使管理机制形成常态。发展改革局根据部门分工下放项目审批权限,简化项目审批环节,实行项目联合审批,完善项目管理责任制、目标考核责任制。财政局积极做好前期资金、服务体系为重点的保障工作。国土局重点解决制约项目推进中用地、搬迁安置等焦点工作。招商宣传局积极做好大沽河生态管护的推介及宣传工作。规划建设局重点解决水生态系统规划与全区规划的衔接、建设及管理等工作。生态管理局负责水生态系统规划、实施方案及考核指标的制定及环境评价等工作。适时召开经验交流总结会,确保管护工作达到良好效果。

参考文献

[1] 刘丽. 我国国家生态补偿机制研究[D]. 青岛大学,2010.

[2] 贾欣,王淼. 海洋生态补偿机制的构建[J]. 中国渔业经济,2010(01):16-22.

[3] 徐绍史. 国务院关于生态补偿机制建设工作情况的报告——2013年4月23日在第十二届全国人民代表大会常务委员会第二次会议(上)[J]. 中华人民共和国全国人民代表大会常务委员会公报;2013(03).

[4] 俞虹旭,余兴光,陈克亮. 基于生态系统方法的海洋生态补偿管理机制[J]. 生态经济,2012(08).

[5] 后文文. 苏州市湿地生态补偿机制研究[D]. 苏州大学硕士研究生论文,2013.

[6] 周丽旋,彭晓春,刘强. 复合型生态补偿机制构建研究——以河源市为例[J]. 安徽农业科学,2012(28):13937-13940.

[7] 孙和,许华柱,徐晓花. 关于苏州生态补偿政策的实践与思考[J]. 江南论坛,2014(02):28-30.

[8] 秦艳红,康慕谊. 国内外生态补偿现状及其完善措施[J]. 自然资源学报,2007,22(4):557-567.

[9] 曹洪军,宫小伟. 海洋生态补偿的国际经验与借鉴[J]. 学术交流,2013,08.

[10] 车越,吴阿娜,赵军,杨凯. 基于不同利益相关方认知的水源地生态补偿探讨——以上海市水源地和用水区居民问卷调查为例[J]. 自然资源学报,2009,24(10):1829-1836.

[11] 林黎阳,许丽忠,胡军,等. 基于条件价值法的行业生态补偿标准的确定——以福建省宁德市石材行业生态补偿为例[J]. 环境科学学报,2014(01):259-264.

[12] 任勇,俞海,冯东方,等. 建立生态补偿机制的战略与政策框架[J]. 环境保护,2006(19):18-23.

[13] 欧阳志云,郑华,岳平. 建立我国生态补偿机制的思路与措施[J]. 生态学报,2013(3):686-692.

[14] 黄小洋,王海芹,沈建宁. 江苏省建立农业生态补偿机制的政策和措施研究[J]. 农业环境与发展,2013(02):15-17.

[15] 亓靓,石来元,赵璐. 青岛市饮用水水源保护区划分研究[J]. 黑龙江科技信息,2013(19):272-272.

[16] 任世丹. 区域生态补偿关系模型及制度框架[J]. 安徽农业科学,2013(16):7281-7284.

[17] 孙从军,曹勇. 上海水源地生态补偿现状和政策建议——以青浦区为例[J]. 环境科学与管理,2011(01):4-8.

[18] 程颐. 饮用水源保护区生态补偿机制构建初探[D]. 厦门大学,2008.

[19] 朵兰娜,梁鸽,娜日苏. 主体功能区建设生态补偿研究进展评述[J]. 北方经济,2011(22):6-8.

[20] 刘晶,葛颜祥. 我国水源地生态补偿模式的实践与市场机制的构建及政策建议[J]. 农业现代化研究,2011,32(5):596-600.

[21] 徐永田. 我国生态补偿模式及实践综述[J]. 人民长江,2011(11):68-73.

[22] 罗小娟,曲福田,冯淑怡,等. 太湖流域生态补偿机制的框架设计研究——基于流域生态补偿理论及国内外经验[J]. 南京农业大学学报(社会科学版),2011(01):82-89.

[23] 杨莉菲,郝春旭,温亚利,等. 世界湿地生态效益补偿政策与模式[J]. 世界林业研究,2010,23:13-17.

[24] 刘博,周训芳. 生态公益林建设存在的问题及法律保护建议[J]. 现代农业科技,2009(03):246-248.

[25] 尤鑫. 生态补偿理论与实践体系建设研究[J]. 江西科学,2013(3):399-402.

[26] 赵云峰,侯铁珊,徐大伟. 生态补偿银行制度的分析:美国的经验及其对我国的启示[J]. 生态经济,2012(06):1671-4407.

[27] 徐永田. 生态补偿理论研究进展综述及发展趋势[J]. 中国水利,2011(4):29-31.

[28] 李友苹,刘柯三. 国外河流管理发展历程初探[J]. 科技信息,2009(13):356-356.

[29] 李婉晖,潘文斌,邓红兵. 水资源利用与保护的途径——流域管理[J]. 生态学杂志,2004(23):97-101.

[30] 于秀波. 澳大利亚墨累—达令流域管理的经验[J]. 江西科学,2003(03):151-155.

[31] 史璇,赵志轩,李立新,耿思敏,王青,等. 澳大利亚墨累—达令河流域水管理体制对我国的启示[J]. 干旱区研究,2012(03).

[32] 李胜,黄艳. 美澳两国典型跨界流域管理的经验及启示[J]. 中北大学学报:社会科学版,2013,(05).

[33] 陈宜瑜. 流域综合管理是我国河流管理改革和发展的必然趋势[J]. 科技导报,2008(26):3-3.

[34] 张吉辉,董玲. 水资源管理体制的理论与实践[J]. 山东纺织经济,2008(4):106-107.

[35] 董哲仁. 维护河流健康与流域一体化管理[J]. 中国水利,2006(11):22-25.

[36] 卢祖国,陈雪梅.论我国流域管理碎片化治理之策[J].生态经济,2009(4):162-165.
[37] 樊辉.流域管理中的公众参与研究[J].商业时代,2012(29):113-114.
[38] 赵淑兰.沪灞河流域水功能区纳污能力及入河污染物总量控制分析[J].陕西水利,2012(05):146-148.
[39] 陶迎春,陈秀万,吴才聪,等.青岛市大沽河流域防汛信息系统[J].地球信息科学,2008(01):45-49.
[40] 方红卫,郑毅,张彬,等.青岛大沽河流域防洪决策支持系统[J].水利水电科技进展,2008(03):66-69.
[41] 张俊,佘宗莲,王成见,等.大沽河干流青岛段水环境容量研究[J]//山东水利学会第九届优秀学术论文集[C].2004:665-670.
[42] 徐进,佘宗莲,郑西来,等.QUAL2E 模型在大沽河干流青岛段水质模拟中的应用[J].农村生态环境,2004(02):33-37.
[43] 韩晶.基于"大部制"的流域管理体制研究[J].生态经济,2008(10):154-157.
[44] 徐军.我国流域管理立法现状及反思[J].河海大学学报:哲学社会科学版,2004(04):20-23.
[45] 席酉民,刘静静,曾宪聚,等.国外流域管理的成功经验对雅砻江流域管理的启示[J].长江流域资源与环境,2009(07):635-640.
[46] 范翻平,赖格英.流域生态风险评估和流域管理新方法探析[J].科协论坛:下半月,2009(08):129-131.
[47] 赵秀春.灰关联分析法在大沽河青岛段水质评价中的应用[J].水生态学杂志,2009(05):115-118.
[48] 李清雅,许筝,应珊珊,等.基于流域管理的排污权交易模式研究——以太湖流域为例[J].中国人口·资源与环境,2010(S1):43-46.
[49] 王秉杰.流域管理的形成、特征及发展趋势[J].环境科学研究,2013(04):452-456.
[50] 王秉杰.现代流域管理体系研究[J].环境科学研究,2013(04):457-464.
[51] 时青,崔峻岭,黄修东.大沽河水文信息管理系统建设[J].小水电,2013(02):51-54.
[52] 白文荣.关于北运河流域管理相关问题的思考[J].中国水利,2012(S1).
[53] 曹宇,颜晶.流域管理决策支持系统研究进展[J].应用生态学报,2012(07):2007-2014.
[54] 王晓亮.中外流域管理比较研究[J].环境科学导刊,2011(01):15-19.
[55] 陈献,王贵作,刘定湘,等.流域管理与行政区域管理事权划分完善对策研究——以淮河、珠江、太湖、长江、松辽流域为例[J].水利发展研究,2011(07):88-92.

[56] 王文生. 统筹流域管理与区域管理实行最严格水资源管理制度[J]. 中国水利, 2011(22):10-12.

[57] 郑航,John Langford,程国栋. 论变化环境下流域管理的知识创新[J]. 地球科学进展, 2012(01):52-59.

[58] 樊辉. 基于多标准分析方法的流域管理机制构建[J]. 安徽农业科学, 2012(10):6123-6124.

[59] 冯飞. 流域管理中公众参与的立法研究[J]. 经营管理者, 2012(04):183.